U0010725

花器風格事典

● 曾銘祥、林雁羽 文字
● 曾銘祥、鍾建光 攝影

晨星出版

植物與盆器的美妙關係 曾銘祥

　　透過經營一家花店，我有了與花草親密接觸的機會，並藉此逐漸了解盆器在花卉市場中所扮演的重要角色，以及盆器與植物間的緊密關係。

　　當消費者來到店內購買植物時，我們通常都會詢問他們回家後，打算如何安置購入的植物，因為這攸關到植物的存活。當它不是種在花園中時，我們應依據植物種類與特性選擇盆器。除了某些品種之外，一般植物的最美好結果是種植在土壤中，但當您在店面購買植物時，通常都是種在塑膠盆中販售。將植物盆花安置在塑膠容器中雖最常見，但將之做為盆栽擺放時，卻顯得無法融入空間及環境之中，若我們能為植物更換更美觀的盆器，不但能使植物具有美化環境的效果，有時還會因為更換更具風格性的盆器，而使一株不起眼的植物創造亮眼的空間演出效果。

　　通常，我們可以在一些大型花市購買到花器，但絕大多數的花器是為了送禮而設計，這些盆器非常誇張，不是梅蘭竹菊，便是高山流水，對一般的收禮者來說，還真不知該把這些花盆放在那裡，但在現代簡約的美學觀念中，適當就是一種美，讀者在選購花器時，最好重視造型以及與植物之間相得益彰的完美搭配。

　　而本書就是要教您如何選擇適當的盆器，除了創造每一株植物的精采演出外，更能以各種風格來營造居家空間的多元化，相信讀者們一定能從書中的精美照片中，感受到美麗盆器與植物的完美搭配所帶來的迷人氛圍，以及為居家環境帶來的改變。

　　在配種的植物方面，我則盡力以市面上較為大眾化、且易於照顧的植物為主，植物的種類也非常多元，不論您要照單全收，依步驟製作或加以延伸成為自

我創作，這些植物都非常容易於購得。不過我想強調的是，本書的出版是希望能激盪讀者在盆植及花器上有新想法，您可以嘗試尋求喜愛的風格盆器，來為自我的空間製造出更為迷人的效果。

　　大部份的植物都不適合在室內生存，有些稱為室內植物的品種，其實是耐陰植物，如果將這些耐陰植物置放在戶外，在陽光照耀下應該會長得比室內好。植物和人一樣，對生存來說，陽光是一個很重要的元素，本書中有些在室內拍攝的植物，看來美極了，但最好不要長期置放於室內，若您一定要將植物放在屋子之中，那麼我建議您可以輪流替換兩、三盆植物，讓每盆植物都有機會獲得陽光的養分，而顯得更有活力。尤其在親友來訪時，室內不僅能有綠意的點綴，更會因選擇了風格盆器，而讓您的生活更有質感。

　　在此，希望本書可提供您綠美化環境一些概念及想法，也希望讀者們能藉由這些盆器為居家空間製造出最美麗的風格。最後，我要特別感謝提供本書拍攝的地點，台中的LIGNE ROSET傢飾概念館，STRAUSS DESIGN CENTER及青庭植栽園。

玩一場園藝遊戲

林雁羽

　　無論物質文明如何發展進步，生活的步調和節奏如何快速行進，都無法改變人是血肉之軀的事實，既然身為人子，那麼就不可能像人造的機械或物質一樣，沒有感覺，沒有思想。有感覺、有思想，就一定會有情緒的起伏，需要回歸到讓心靈沒有壓力的空間，才能有效的紓解長期累積下來的情緒和疲憊。

　　人即使貴為萬物之靈，卻仍是大自然物種進化的結果，從哪裡來，就該回哪裡去，絕對是一種宿命的輪迴和必然。所以，人類就算把自己層層包裹在布料之下，隱身在煙塵喧囂的水泥建物叢林裡，發明各種先進的交通工具和科技，意圖操控自然環境，不過太多的事實證明，人依舊只能依附在大自然的懷抱裡，才能真正獲得自由和解放，不論身體或心靈。

　　在飽受煙塵和噪音所荼毒，在被龐雜的人際糾紛所困擾，以及恍如囚犯一般被監禁在鴿子籠裡的形體，讓每屆週休或暇餘的鄉間小路，都擠滿了人車，令哈雷彗星的造訪，成為玉山頂上塞車的理由，讓原應寂靜的貓空，成為車水馬龍的周末市集。倒不是現代人喜歡賞月觀星，而是那被機械式的生活步調，消磨到瀕臨潰堤的人心，需要奔赴荒野，擁抱那來自心靈深處的原始渴望，才能讓平日幾近乾涸的心田，不至裂痕斑斕。

　　也許現實的生活型態，已經容許不下太多大自然初始的元素，但是為了消弭那內心深處一股對於自然的渴望及孺慕，只好一而再，再而三的在周遭的空間裡，運用有限的物質條件，複製一份自然的縮影，藉由片斷截取的方式，讓自己和自然維持一種若即若離的曖昧關係，安定不安且躁動的靈魂，解救被生活和慾念壓得瀕臨窒息的心靈，這是園藝對人類最積極的意義，也是有機生命對孕育生

機的自然之母，最原始的呼喚。而花器正是在複製自然，片斷截取自然感動進程裡，最得力的助手，使人類在刻意模仿與複製的過程中，可以更得心應手，成效卓著。

　　本書是在園藝書籍堆積如山的平面出版品當中，少數捨花草植栽，而以承載花草植栽的盆器，當作主述重點的書籍，不敢妄稱有多少發人所未發的嘗試，或者有多麼傑出的論述，但可與讀者分享多年園藝觀點及心得的誠意，絕對不容置疑。既然是以創意和風格為訴求的文字，讀者在閱讀的過程中，不妨用一種好奇和參與的態度，當成園藝的遊戲，應該會更有趣味，更能有效地掌握「創意」和「風格」塑造的要領。

　　在本書即將付梓的前夕，首先要特別感謝曾銘祥及鍾健光先生，感謝他們別出心裁的照片為全書生色，並且對筆者賦予絕對的包容和信任，更感謝晨星出版社的編輯們巧妙縫合圖文的功力，以及所有促成和製作這本書的單位及個人。由於有各位的付出及參與，讓所有龐雜零碎的概念，得以釐出脈絡，進而整理成冊，如能因此而讓讀者在閱讀之餘，還能興起動手嘗試的念頭，那無疑將是身為園藝愛好者的筆者，無上的快慰。

目　次

第三章　花器的用途

第四章　花器植栽與居家風格營造

POTTED PLANT　　　POT CULTURE

第五章　創意花器DIY

第六章　花器的選購

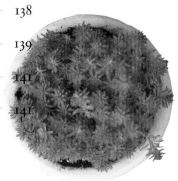

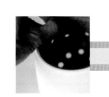

第七章 花器的保養

第1章 花器的定義

提到「花器」兩個字，一般人的直覺反應，應該是插花或種花用的花瓶、花盆之類的東西，這樣的想法當然沒有錯，只是範圍狹隘了一點，比較貼近狹義花器的定義，卻無法涵蓋廣義花器所指稱的範疇。器，是器具、用品的意思，那花器應該就是指跟花草有關的器具及用品的統稱，以這樣的想法向外延伸，就不難瞭解本書所闡述的花器定義了。

隨著時代進步的花器

首先，必須說明一下，花器的定義是會隨著時代的進步而產生差異的，同時花器的使用範圍，也會與時代的脈動相結合，進而發展出不同的使用面向，並且會因為材料、物質技藝的精進，而不斷出現嶄新的異變和風格。早期的花器的確經常被運用在瓶插方面，而瓶插就一定需要插在瓶器裡頭的植物，以現在的專門術語來說，指的應該就是被剪刀從植株上裁剪下來的切花了（當然枝葉也可以，不過大部分應該還是選用花朵的機會多），想要舉出實例說明的話，一點都不困難，隨隨便便都可以找出一大堆的例證來。

古代的花器

古代的例證，光是曹雪芹的《紅樓夢》一本書，提到花器和插花的部分就不少了。例如：《紅樓夢》第三十七回，賈芸孝敬賈寶玉兩「盆」白海棠，賈寶玉差人搬進大觀園去，興沖沖地跟林妹妹、寶姐姐們吟起白海棠詩來。同一回，秋紋提起賈寶玉有一天在怡紅院裡折了兩枝桂花，親自在一對「聯珠瓶」裡注滿水後，分送給史太君和王夫人，兩人慈顏大悅，連跟去的丫鬟們都得了賞。第四十回，李紈親自掐了各色的菊花，養在一個大荷葉式的「翡翠盤子」裡，準備讓人給史太君送去，結果史太君已經洗過臉、梳好頭了，於是那各色的折枝菊花，就橫三豎四地插滿劉姥姥的頭上，劉姥姥頓時成了大觀園丫鬟們嘴裡的風流老妖精。仔細想想，那翡翠盤子、聯珠瓶、花盆兒，可不都算是花器嘛！

現代的花器

　　小說是當代生活的具體呈現，《紅樓夢》是清代江南織造曹氏一門的興衰血淚史，美則美矣，但是距離現代，畢竟已經有一段不算短的時空和背景的差距，不過沒關係，現代人比古人更重視生活的質感和品味，要找出現代化生活的例證，就更不是問題了。

◎ 大樓門口垂吊的花籃，讓人眼睛為之一亮。

　　以公共場所來說，舉凡各大都會區的公園綠地，總會有幾個大花盆，用來種些杜鵑花或九重葛之類的花樹，各級學校應該也都會有陳列在花圃和走廊的盆栽，甚至各公私行庫的櫃檯、走道，幾乎不能免俗地，都會有幾盆用來裝潢門面、美化空間的組合盆栽，當做品味和格調的表徵，用以突顯專業的形象，塑造以客為尊的服務精神。

　　再不然，像國家音樂廳、故宮博物院、歷史博物館、美術館、文化中心、圖書館等社教會所，更需要花卉與盆栽來提昇藝文品質及氛圍。另外，知名的觀光飯店、酒樓、餐廳、茶藝館之類的場所，從外觀、門廳、座位到客房或洗手間，光是植栽與盆器，恐怕已經需要專業的部門，來負責定期處理花卉和盆栽更新的問題了。

在公共場所之外，現代的社會中，還有許多非定點、定時的公關場合，需要大量的鮮花和臨時造景來為會場生色，像LV、GUCCI等知名品牌，舉辦時尚party，各界名流、巨星衣香鬢影、丰姿綽約之餘，豈少得了名花美器的搭配。還有各公司行號開幕剪綵，不擺上幾盆應景的盆栽，可挺煞風景的。

個人方面，美的需求是超越性別和年齡的，比如偶爾經過花店，看到姹紫嫣紅的美麗花朵，一時心血來潮，買幾枝玫瑰、桔梗，回家插在小瓶子裡，自娛娛人。漂亮可愛的美眉們，在生日、情人節或接受告白的時刻，總會收到幾把價值不菲的花束，沒有拿來高高擺在辦公室的桌案前，滿足一下虛榮心，就是芳心竊喜地插在梳妝臺或寢室的床側，好讓阿娜答的深情，伴隨花香甜蜜入夢。

◨ 在店門口擺上盆栽，透過玻璃窗與店內陳設及燈光互相輝映。

☑花束是贈禮的最佳選擇。↑
☑室外盆栽讓城市增添了些許綠意。←
☑朋友新店開幕，送盆栽方便又大方。↓

其他的，像朋友開店，送盆發財樹討個吉利；林志玲走秀、代言，粉絲們送花籃，表達對偶像的支持和擁護；疼惜自己的長輩往生，送兩盆素雅的鮮花，恭送老人家羽化登仙等等婚喪喜慶、以及人際應對進退之類的時機，都少不了鮮花的裝飾陪襯。最重要的是情人節，有情人可得不惜血本地預訂鮮花，以便向心儀的對象告白，為出奇致勝，還得特地請花店，把精心挑選的傳情花朵，裝在歐洲進口的盒子裡，好一舉擄獲伊人的芳心。

由以上的說明和實例不難得知，鮮花、植栽在現代的生活中，幾乎無所不在，而與捻花惹草相關的瓶罐、盆器、缽皿，不但已經非常徹底地融入日常生活，甚至讓人習慣地忘記有花器這樣的東西存在，而先前所提過的，那些用來固定花朵的盆器、拱門、吊籃、花瓶、盆皿之類的東西，以及用來裝花的「紙盒」，通通算是花器，是屬於廣義花器定義的範疇，當然也正是本書內容所鋪敘的重點，請讀者在閱讀的過程中，務必盡可能放開對花器既有的定見，應該會有更多意想不到的收穫及體會。

◎路邊的花台植栽讓經過路人的
　心情頓時休閒起來。

第2章 花器的材質

〉 〉〉

花器的種類繁多，以盆器本身主要的組合成分來區分，大致上可歸納出幾種類型：石材類、藤木類、陶瓷類、玻璃類、金屬類、塑膠類……等，以下將一一做介紹。

石材類

　　戶外的庭院造景和中庭花園，由於配合建築物的整體造型和氣勢所需，幾乎都會出現比較大型的景觀設計。這些景點的配置，需要一定的視覺重點，來塑造建築物的獨特風格，或者與主要建築結構連成一氣，用以突顯出與眾不同的品味。在這些與建築物附屬或併連的園藝造景當中，石材類的素材較常見。

　　不以盆器形體為限的話，像是大理石階梯旁的同材質花圃，或者大面積的庭園造景、斜壁、坡面，甚至不曾加工處理過的粗糙原石等，都是屬於石材類的應用。這類大型石材的來源，國內國外都有，不過由於體積較大，加以切割的機具所限，通常是由建築物的業主，直接委託建商和設計公司代勞，由個人獨力設計、購置完成的可能性並不高。

　　不過近幾年，由於個性化訴求蔚為風尚，許多財力、品味兼具的業主，開始重視起空間配置的元素，尤其是居家環境的佈置，不再偏重於繁複的華麗，反而有逐漸貼近自然的趨勢。在這股自然造景的風潮下，石頭這種來自大自然的素材，就成為景觀設計的重要材料。不僅大型的疊石磊堆成群，甚至純粹以盆養石生苔的石頭盆景，也慢慢進入時尚的行列，一時間「頑石」不再，倒是「雅石」之名逐漸取而代之。

◻ 石頭花器給人自然沉穩的感覺。

崇尚自然造景的風潮下，石材這種取自於大自然的素材，逐漸成為景觀設計的重要材料。

藤木類

　　工業革命以前，不同物質合成的技術還不夠成熟，而且大部分的工作，多是以人爲操作，無法量產。工業革命以後，雖然紡織等輕工業日益蓬勃，但是金屬或礦物的冶煉，還是處於草創的開發階段，缺少精密的合成和分工，因此直到二十世紀初，人類日常生活所需的器皿、工具，仍然以就地取材的品項爲優先，而木器、竹編、藤、漆之類的盆器，自然佔有重要的地位。

　　這類素材的優點，除了有限的雕刻、編織以及裝訂組合之外，在於材料本身的質地，並不會受到太大的改變和扭曲，能夠繼續保有原生環境當中的有機

特性，譬如色澤、花紋、香氣、觸感等等，相對的，對於同樣屬於有機體的使用者而言，是比較具有親和力的素材。同時，由於藤木類材質的原料，幾乎都是由自然環境所生成孕育的，所以素材的本身，會出現人工無法仿製的柔軟線條，能爲空間營造出一種安定的氛圍，有效地降低建物本身對人體所形成的壓迫感，是屬於極具養生概念的健康素材。

　　不過優點與缺點通常都是同時存在的，自然、柔和不具侵略

☒ 做成橡木酒桶形狀的花器，展現鄉村的古樸氣息。

性，是藤木竹漆類素材的優點，可是由自然生成的物質，也無可避免必須面對自然腐朽的問題，保養這類材質所製成的盆器和造景，最大的困境就來自於防潮及防腐。臺灣地區是屬於高溫、高濕度的副熱帶氣候，如何有效隔離濕氣，減緩天然素材腐朽的速度，以及延長使用的年限，將會是這類花器在使用維護上最大的挑戰。

▢ 蛇木可說是最天然的花器，完全不會對自然造成負擔。

陶瓷類

　　從各地的考古資料得知，全世界考古人類學遺址的新發現，必伴隨陶砵、陶罐的出土，足以證明陶器絕對是人類文明史上的重要器物。究竟陶器是如何被製造出來的？這當中摻雜了許多神話與傳說的色彩，因此至今仍然沒有定論，不過可以確定的是，瓷器的燒製應該是從製陶的過程中所累積下來的經驗，更進一步發展出來的工藝成品。雖然，陶器也許不一定是中國獨特的發明，但是中國在以製陶爲基礎的技術層面上，燒製出瓷器，在世界的文明工藝史上，留下燦爛輝煌的紀錄，卻是不爭的事實。

　　陶器和瓷器，是兩種全然不同卻又存在密切關係的材質，楊永善與楊靜榮兩位曾經在《中國陶瓷》（淑馨）書中提到過：「陶器不但燒製的溫度低於瓷器，連成品的硬度，也比不上瓷器，甚至敲擊時的聲音，也比瓷器沉悶，無法像瓷器一樣，發出清脆的音色。」造成兩者明顯差異的主因，在於陶器是由陶土燒製，而瓷器卻是用高嶺土做坯，高溫燒製而成的。不同的材料造就了不同的硬度和透明度，連器體本身的釉彩，也連帶地在性質上稍有不同。對陶器和瓷器兩種素材的差別，有過粗略的概念之後，再切入花器的主題，應該就比較容易進入狀況了。

　　遠古以來，陶瓷類的器皿，就是生活日用品的大宗，而陶瓷似乎就是早期花器的主要代

◨ 樸素的陶質花器給人質樸的感覺。

陶瓷類花器的造型
多變，可應用在各
種風格的營造上。

言者。陶瓷的盆器有一個很大的優點——「穩重」，由於燒製陶瓷的原料，是質量挺高的陶土或高嶺土，所以陶瓷類的花器，普遍比藤木竹類的花器來得端莊穩定，這個優點將有助於瓶插直立的平面擺設。陶瓷器物另一個特點就是耐高溫、不怕火燒，相信這

高雅華麗的瓷質杯子也能成為插花的花器。

也是考古發現中，多見陶甕、陶片的原因之一，高溫成型的特色，讓陶瓷花器在時空的濤濯沉澱後，依然歷久彌新。

陶瓷花器的第三個優點是儲水方便，既然稱為花器，瓶插的機會一定不少，陶瓷花器由於材料的特性所致，可以有效的儲存水份，讓供養在盆器裡的花卉和植栽，都能保持最佳的觀賞價值，這應該也是陶瓷花器，廣泛被運用在日常生活的主因。

任何事物的本身，幾乎都擁有正反兩種對比的特質。陶瓷花器平穩，不容易傾倒，耐高溫、不怕火燒，加上儲水方便，當然具有很好的功能性，但是易碎卻是陶瓷花器最大的致命傷。任何昂貴的精品陶瓷，一旦出現裂痕或破裂，再精緻也無用武之地了。同時，礙於窯燒的體積和技術，難免限制了陶瓷花器的創意，在樣式的選擇上，較少特殊的造型，想找到與眾不同的單品，多少得靠點運氣。

不論陶器或瓷器的花器，應該都可以分成樸素和華麗兩種不同的風格，樸素指的是單色或未上釉的盆器，華麗則是指器身所上的釉彩比較多，花樣、色澤比較豐富的意思。不管是樸素還是華麗的陶瓷花器，都會有盆器本身所具備的氣質和優缺點，無所謂高下之分。

玻璃類

　　一般所說的玻璃，只是一種泛稱，泛指所有透明、易碎的材質，主要的原料是矽砂（石英和二氧化矽）。早期所謂的琉璃指的就是玻璃，不過自宋朝以後，情況開始有點不同，玻璃一詞指的多半是透明的材料，而琉璃則專指以低溫燒製的釉陶磚瓦一類，現代人印象中的玻璃，恐怕跟原始的定義不同了。

■ 玻璃花器是極易取得的花器素材。

　　其實玻璃還可以稱為琉璃或料器，如果按照材質本身的透明度和成分，可以分成不透明、顏色鮮艷的「料器」，半透明有玻璃光澤的「琉璃」，與完全透明的「玻璃」，以及在玻璃原料中，加入百分之十以上氧化鉛成分的水晶玻璃等幾種，不過完全透明的玻璃，應該會比較接近讀者心目中對於玻璃的聯想。目前一般所統稱的琉璃，事實上是以脫蠟鑄造法，再融合金屬氧化物混合燒製而成的，加入不同的氧化物，成品所呈現出來的顏色，也將會有所不同。

　　玻璃跟陶瓷一樣，都是高溫鍛燒出來的物質，燒製陶瓷的溫度，會視粗坯的原料而稍微有些差別，以陶器來說，多分布在800℃到1100℃之間，瓷器燒製的溫度略高於陶器，通常在1200℃至1400℃左右。玻璃成品在不同的溫度下，必須使用不同的製造技法，自然燒製溫度的範圍就擴大了許多，大約介於450℃至1400℃之間。

　　玻璃材料的花器，應該是所有類型的花器當中，尺寸、樣式以及價位的選擇性最多，且極容易取得的素材。從數萬元起算的本地和進口名牌精品，到數

◎ 玻璃花器在燈光襯托下，能展現截然不同的風情。

十元一只的小玻璃瓶，種類繁多，貨色齊全。而且不一定要到花卉相關的專門店才能購買，像一般的百貨公司、家樂福、特力屋等日用家飾賣場，應該也都找得到。

　　玻璃花器跟陶瓷花器一樣，具有儲水、耐高溫和易碎的性質，卻多出一項光滑通透的特色。這個特色讓玻璃花器在許多深沉的色調當中，擁有一份其他材質盆器所沒有的雅潔素淨，即使沒有植物或切花搭配，也是具有視覺效果的擺設，如能輔以適當的燈光，將展現另一種截然不同的風情。由於玻璃花器的普及性極高，相對地被收藏和使用的機會也較多，這是玻璃花器在盆器市場的優勢。不過，由於玻璃花器已經被廣泛使用在日常生活中，在創意的難度上，也會提高許多。幸好，隨著工藝與材料科技不斷地突破精進，玻璃花器得以在新世紀的極簡時尚中再領風騷。

玻璃花器的通透感在新世紀的極簡時尚中再領風騷。

金屬類

　　金屬花器的原料，不像玻璃和陶瓷花器的原料那樣單純，只要是在盆器的材料當中，含有一定比例的金屬成分，都可以歸在這一類，因此，金屬花器不論在原料的取得，或製造方面的程序、技法，都會複雜許多，不是三言兩語就可以帶過的。

　　不同金屬或類金屬的花器，有的純粹以原色成型，有的則會在盆器的表面塗上色料，這層塗料除了整體器型風格所需之外，也有隔離空氣和濕氣，防止金屬氧化的功能。而且這一層漆料，又會視設計取向而呈現出不同的效果，讓原本應該冷硬、陽剛的金屬製品，線條柔軟溫和許多，連帶地擴展出更大的適用性。

▽ 金屬材質花器。

　　在不同材質的花器當中，金屬花器的可塑性及創意，應該是非常出色的。一來金屬本身的可塑性就高，另外拜高水準的工藝技術所賜，不論純粹金屬的成品，或是不同比例融鑄的合成金屬，在造型和雕琢上，都有非常傑出的作品和風格。如果再加上鍍金、霧面和磨光，以及多重色彩搭配下的排列組成，那麼金屬素材的豐富性與多元性、適用性與創造性，就更少有能出其右的了。

何況，後現代的室內裝潢，多傾向前衛俐落的風格，金屬材質的擺飾和盆器，在主流風潮的帶動下，儼然成為與陶瓷花器、玻璃花器鼎足而立的名角。隨著各式生活精品的相容與支援，金屬花器似乎就等於時髦的代名詞，這在其他材質的花器身上，是非常少見的。然而，再去追究金屬花器的時尚知覺，到底是時尚設計界刻意的導引操弄，還是工藝技術發展無意間造成的巧合，都已經不太有意義，因為緊扣時代脈動的氣質，正是金屬藝品得以掌握前衛風潮的權柄。

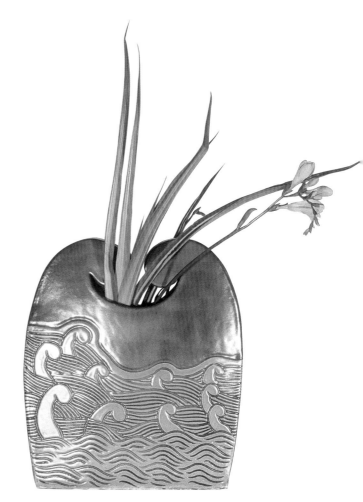

同樣是金屬材質，卻呈現出感覺迥異的樣貌。

塑膠類

　　自從石油問世以來，石化產品就被廣泛地運用在日常生活中，不論食、衣、住、行、育、樂各方面，塑膠材質的物品，充斥在我們周遭的環境裡，小從紐扣，大到組合用品、機具，從粗糙的杯盆到高科技的工藝精品，幾乎到了不可或缺的地步，難怪每當國際油價一波動，民生物價也會隨之起落。

　　石化科技的精密分工，讓塑膠材質的種類，也變得五花八門，專業上多區分為：高性能工程塑膠、汎用工程塑膠、苯乙烯樹脂、透明樹脂、彈性體、氟樹脂和聚烯類等幾大類。塑膠材質的花器，主要是用來盛裝之用，因此會動用到的科技水準不需要太高，雖然品項、造型繁多，價位卻一點兒也不嚇人，是喜愛拈花惹草的讀者們，極佳的入門素材。

　　值得一提的是，儘管在許多常見的花器材質當中，塑膠類的花器價位非常平易近人，但並不表示塑膠盆器一定上不了檯面，註定跟創意及風格絕緣。相反地，由於塑膠花器具有質輕、價廉的特色，以及方便運送挪移且種類繁多的優點，反倒成為市面上最廣泛流通，普及性最高的花器材質，也是讀者最容易取得類型。事物的價值，從來不是只能用價位去衡量，這一點在花器的選擇上，同樣可以適用。

　　除了以上所敘述各種材質的花器之外，新世紀由於奈米科技的突破，各種質材的應用與合成，自然也會出現嶄新的創意及風貌。國科會日前發表奈米國家型科技計畫最新的研究成果，協助廠商利用奈米科技，將原本材質很難融合的陶瓷和水晶巧妙結合，發展出創新的水晶陶瓷藝品，相信未來這種不同材質的跨領域結合，將會越來越普遍，擴及花器應用的時程將指日可待，屆時，恐

怕花器的創意與風格，也將是這一波奈米風潮所襲捲的革新目標之一，前景值得期待。

現在的塑膠花器已經可以做出相當的質感，圖中的盆器即是塑膠製的。

第3章 花器的用途

讀者在前一章的敘述裡頭,應該已經對
花器的材質,有了基本的概念,本章將
把所有材質的花器,應用在日常生活的
可能性做個全面性的介紹。

庭園造景

　　植栽的庭園造景，可分為大面積的花園和中庭設計，以及小面積的個人居家角落兩種。大型的花圃和造景，由於面積和建築物比例的關係，在盆器的選擇上，多傾向大格局、大方塊的組合，連帶地，這類用途的花器體積，也會跟花器的質量成正比，否則就無法達到景觀設計視覺平衡的效果。

　　宏偉的建築配置寬敞的庭院，小坪數的精緻房舍，搭配纖巧的花圃，是非常普通的概念，不單單是視覺平衡的需求，也涉及經濟條件。面積大的院落，

▨ 大面積的庭園造景。

假如沒有專門的人照顧，再美麗的庭園造景或珍貴的植栽，不用一季三個月的時間，就會變成雜亂的荒原，既浪費了空間，又糟蹋了植栽。因此，這一類的設計，多屬公共場所，假使屬於私人產業，也必定具備相當的財力，才足以維持。

小巧的花圃就不同了，只要任何有心想親近大自然的個人或團體，都可以在有限的預算裡，為自己的生活空間，營造一個賞心悅目的角落。不同於大型造景以氣派取勝，這一類迷你的設計，著重在知性與別緻，反而容易形成創意的驚奇，哪怕只是一座小小的窗臺，或是一兩塊灰色的水泥花磚，都存在教人驚豔的潛能。

一般用在庭園造景的盆器，以陶瓷和石材類的花器居多，雖然塑膠材質的花器，偶爾也會出現在這類的園藝空間做為輔助，但是由於塑膠材質的盆器，經過長時間的風吹、日曬、雨淋，容易出現顏料褪色或碎裂的結果，在比較重視質感和風格的場所，應該盡可能避免使用。

⊠ 小面積的個人居家陽台角落。

插花盆器

　　由於現代人的物質文明，已經轉為注重生活品質勝於溫飽，於是居家空間的美學和切花的應用，已形成另一種專業。在特殊的場合裡，擺上一盆鮮花，在特定的時日裡，送出一把花束，都是非常普遍的行為和禮節。

　　最明顯的例證，是各社區的媽媽教室、文化中心、圖書館之類的社教場所，幾乎都會有花藝設計的課程，如果說這些長期舉辦的教學課程，正是花卉美學在台灣社會日益普及的推手，並不為過。所以，花器在一般日常的生活

▨ 東方禪風講究優雅而簡單的線條，有自成一格的風味，讓人心境澄靜。

中，最常被使用和取得的，就是插花用的盆器，從學生族、上班族到家庭主婦，都是這一類花器的隱性消費群。

　　而插花藝術的悠久歷史，也讓花器與切花的搭配，出現不同的流派和特色，然而，不論是東方體系的花藝流派，或是歐美體系的花藝設計，各型各樣的花器都是不可或缺的素材，這樣的事實，讀者應該不難想見花器在插花藝術範疇裡頭的重要地位了。

◩ 不同的插花風格能讓空間呈現出完全不同的氛圍。

家飾用品

　　家，是基礎人格的養成所，也是安全感的主要來源。而居家空間的舒適及安寧，不僅是經濟實力的展現，更是精神生活品質和格調的具體呈現。任何人在經濟條件允許的情況下，都會想替自己的居家環境，增添些情趣以及美感。運用造型優美的花器承載各式花草植物，增添綠意，在空間的營造上，將會有畫龍點睛的效果。

　　親近花草的方式，早已被充分運用在居家空間的點綴，與家飾設計的風格相互搭配，不過為了因應現代人想增添生活情趣，卻苦無時間拈花惹草的困

▨不需費心照顧的水生植物，用玻璃花器養植，再養上幾隻金魚，就成為居家空間的另一個風景。

境，室內空間的花器與花材也出現了不同的需求與改變。例如用玻璃花器養植只需換水的水生植物，或用小陶瓷盆種只要兩、三天噴一次水的小巧種子盆栽都是不錯的選擇。

　　因為陶瓷及玻璃的花器質感佳又容易搭配，而且比較重，不容易掉落或傾斜，可以確保植栽和擺飾的穩定性。

　　假如真忙得沒有時間種花、養花，買幾枝現成的切花來裝飾，也是不錯的選擇。切花與花器搭配的自由度，比植栽要高出許多，只要看起來協調順眼，不管是用陶瓷、金屬或玻璃材質的花器，都沒有關係。

要是連買花的時間都沒有，又無法忍受太單調的居家環境，那麼人造花與乾燥花，就變成唯二的選擇了。現在的人造花，不論在外觀或質感上，都已經跳脫廉價粗糙的形象，還精緻到足以亂真的地步，有時候透過燈光和視覺效果的設計，連仔細瞧，都未必能看得出是人造花，這還只是純人工仿製的成品而已哦，有些人造花則是使用真正的植物和花朵，直接乾燥後重新上色，再經過防腐處理的高級素材。

乾燥花及人造花最大的優點，就是不用擔心澆水的問題，既然省去能不能放水或澆水的困擾，那麼花器選用的範圍，就更沒有限制了。不同材質的花器，都可能

人造花是方便的居家花材，搭配上造型特殊的花器，也能成為居家擺設的焦點。

創造出截然不同的效果，就看讀者的審美觀和創造力，能發揮到什麼樣的地步了，如果能多花點時間構思，連藤木竹類的自由型花器，都能為居家的風格，做出不小的貢獻呢！

唯一需要注意的，就是必須考慮人造花或乾燥花本身高度和重量的問題，比較高的花材需要比較大、比較重的花器，才不容易失去平衡而傾斜或掉落，假使是選用藤木竹類的花器，在這一點上就更需要留意了，因為天然的材料，

經過乾燥處理後會變得更輕，必要時可以在花器的底部，放些石頭或彈珠之類的重物，應該就可以解決這方面的困擾。

　　而塑膠的花器，由於容易整理、搬動，在室內盆景的栽種方面，是被廣泛運用的材質，而其他像盆栽底下用來盛水的底盤，也幾乎都是塑膠材質的盆皿，既方便又實用。

◙乾燥花也能讓居家擺飾
　呈現不一樣的風貌。

商業花器

工商業社會，公司行號等企業單位送往迎來，以及人際互動的機會頻繁，在講究方法的創意世代，行銷推廣的公關場合更多，為因應這方面的市場需求，園藝花卉業者，不但提供商品販售，也提供送貨的服務。一般園藝業者所提供的商品，主要分為盆景、桌花和花束幾種，而會場佈置等公關需求，則是近幾年越來越受重視的商業用途，在以上幾種花藝設計商品的用途當中，一定需要大量的花器來配合，才能達到最佳的整體效果。

平常用來栽種盆景的花器，應該是在植栽定盆的同時，就已經在現場處理完成的，因此讀者在一般展售通路或定點所看到的，多是現成的產品，喜歡的話，銀貨兩訖就可以馬上帶著走，非常方便省事，既然是省事的交易，當然消費者就沒有任何需要費心的細節了。而用來跟這類取向的盆栽相互配合的花器，自然就以用在比較的正式場合，分量看起比較重，並且穩固端莊的各款陶瓷花盆，和易於攜帶、質量較輕、價位較具親和力的塑膠花器為主了。

切花的商用花器部分，使用量最大的，應該就是活動式的花架，與用來承載桌花的盆皿了。花架的材質，多以金屬和塑膠兩類為主，即使是外送的桌花，為了運送方便，以及免去回收問題的困擾，也幾乎都是使用平價的塑膠盆皿。花束的話，因為是純手工綑綁紮實的捧花，除非是消費者於訂購時，指定使用紙盒來包裝，否則以包裝紙、緞帶和造型魔帶為大宗，用到花器的機會並不太多。

🔲 穩重高雅的陶瓷花器，配合優雅端莊的植栽，
適合用在正式的場合，隨處一擺便自成風景。

🔲 桌花能讓會場的感覺頓時活潑起來。

藝術花器

　　藝術花器指的是跳脫實用價值的造型花器，通常有著類似花器的造型，卻沒有被利用在瓶插或植栽的用途，純粹以器體本身的造型、色澤，吸引目光焦聚的藝品，大多數是被當成室內的擺設使用。

　　這方面的作品，以創意陶瓷和琉璃藝品的成就較為傑出，舉凡各陶藝工作者的創作，或者雕塑工作室的作品都算，而台灣最知名的品牌，非楊惠珊的「琉璃工房」，和王俠軍的「琉園」莫屬，琉璃工房早期出過花器，這幾年多以佛教、擺飾和墜飾為主，花器用途的單品，已經很少見了。

此圖中的花器為法國LIGNE ROSET品牌的花器產品,不加花材,單純打上燈光即成為視覺的焦點。

第4章　花器植栽與居家風格營造

　　每位讀者應該都有自己偏好的庭園或居家風格，風格的營造，除了可以透過花器的選擇來突顯，選購適當的花草植栽，相互搭配運用，更能夠收到畫龍點睛的效果。

　　對花器的材質、用途有了初步的認識之後，就可以從各主流風格的塑造，進入實際操作的步驟了。讀者不妨試著挑選自己合意的花器，再選擇幾款容易栽培的花草，慢慢由思維的涉獵，進入實習的階段。本章將盡可能以日常生活中容易取得的花卉和素材，做細部的解說，方便讀者實際模擬和應用。

☑ 東方禪風講究優
雅而簡單的線
條,有自成一格
的風味,讓人心
境澄靜。

　　講究意境的東方禪風,不習慣太多樣、太繁複的植栽與花器,著重於意境聯想的潛力,將植栽、盆器融入空間的格局,凝鑄一種清新空靈的氛圍,不講究華麗,但是氣韻不凡,讓身歷其境的心靈,不自覺地平靜穩定下來。

　　相信許多人的住家都有和室,或是木製的茶几,在這些空間擺上一盆具有禪意的花器植栽會有畫龍點睛之妙。

　　木器、陶、瓷是比較不會失敗的花器種類,造型屬於日式或中式皆可,但佈置一個這樣的盆景需要掌握到一些要領,選用的植物線條要相當優雅是第一要件,而且價位可能也會高一些,如松、杉、柏等。

　　由於住家內放置這些盆景植栽的場所都不會太明亮,所以最好白天能將它們移到戶外日曬,

☑ 要維持植物的生命力,讓它在室內繼續保持優雅的姿態,別
　忘記要常帶它到戶外去曬曬太陽

下班回來再讓它們定位。無論如何，能在戶外養植長一點的時間是最好的，有些常常移動的佈置植物，最好能備有二盆替換，不僅室內有變化，植物也比較有長一點的時間在戶外接受日照。另外，較有趣的是，有一些植物雖然已經死掉的，但仍留存優美的線條，這樣也可以成為禪味的代表「植物」。

　　水也是營造東方禪風的另外一種重要元素，不管是流動或不流動的水，都能讓人感受到清新空靈的涼意，不過因為水生植物較需要陽光，水又容易滋生蚊蟲，所以這樣的擺飾還是較適合庭院的戶外空間。

石磨加上流動的水，呈現另外一種東方風格。

◫ 用陶盆養植浮萍及布袋蓮等水生植物，下方用方盤鋪上白石，再擺上小收藏品，便成為一個充滿禪意的造景。

◫ 蓮花和水芙蓉是最具東方禪意的植物，用古樸的石頭花器裝盛養植，盆器周圍鋪上鵝卵石後，又是另外一種意境。

◫ 這株植物雖然已經死去，但仍留存幽雅的禪意。

和風茶碗的搭配

花器：日本茶碗，可以在百貨公司或賣餐飲用具的賣場買到相似的產品，大原則是別挑
選圖案太花俏的茶碗，尺寸從飯碗一直到麵碗都可以。

植物：三寸盆大小的雅樂之舞。

其他材料：貝殼沙適量。

Step:

1. 先將種植於塑膠盆中的雅樂之舞放在茶碗中間比對一下,周邊要留下一些空間,因為擁擠、繁複都不適合禪風的要求。

2. 細心地放入貝殼沙,直到看不到塑膠盆與泥土為止,沙不要放太少,否則會因為澆水而將下層的泥土沖上來。

3. 用手指往四週下壓,造成四邊較低,中間較高的土丘狀即完成。

NOTE

◆雅樂之舞是種多肉植物,所以不需要太多的水份。

◆新買的貝殼沙帶有海水的鹽分,最好能像洗米一樣洗一遍,避免鹽分影響根部的吸收。

◆買來的茶碗一般都沒有底洞,所以澆水時要特別注意,長期水份過多會造成根部的腐爛。

方形白瓷盆的搭配

花器：白瓷盆，像極了文房中的中式筆筒，開口和高度比例都很具文人氣質般的優雅。

植物：三寸盆大小的蔓性迷迭香。

其他材料：泥炭土適量。

Step：

1.將蔓性迷迭香連盆裝入四方型的瓷盆。

2.在四邊的縫隙，填入泥炭土後施壓紮實。

3.充份澆水至水從底部流出為止即完成。

迷你盆的搭配 之一

花器：超小型迷你盆器，盆器本身便具有強烈性格，它可以令人馬上感覺到東方禪味及
　　　　日本和風。

植物：外型完整石蓮花一朵。

其他材料：培養土及貝殼沙適量。

Step：

1.將石蓮花放入小盆中。

2.加入培養土並調整位置。

3.在表土上方的四邊縫隙填入貝殼沙即可。

NOTE

◆迷你盆栽無論是單盆，或多盆一起擺放都很具風味。

◆石蓮花現在有人拿來做沙拉，它的外型非常適合禪
風，但要注意千萬別澆太多的水！

◆如果日照不足，石蓮花的莖會不斷生長而不長葉子，
優美的石蓮花應該是短而多葉，四方完整。

迷你盆的搭配 之二

花器：中高杯型小盆，造型古樸又有特色，適合搭種細長型植物。

植物：線條優美的木麻黃。

其他材料：培養土適量。

Step :

1. 將不織布剪成小方塊（平時便可多剪一些備用），置入底盆。

2. 比對木麻黃與盆子的比例後，將木麻黃從培養盆移出，放入小盆中。

3. 移入時枝幹要居中。

4. 加入培養土並調整位置後即完成。

> **NOTE**
>
> 剛移入新盆中的木麻黃很重水份，千萬要注意水份的補給，移植後三天內不要曬到太陽，但要放在光線充足的地方。

方形木質花器的搭配

花器：方型的木質花器，簡潔的編織紋路，帶有淳樸的中
國風。

植物：種在塑膠小盆中的紫色鼠尾草數株。

Step：

1. 將種在塑膠小盆中的紫色鼠尾草分別放入木質花器中。
2. 擺放的位置非常重要，調整的技巧在於蔓性的生長習
　性，正好可以蓋住花器的開口，在視平的角度上不會看
　到花器內的塑膠盆。

NOTE

因為木質的花器很容易腐朽。所以澆水
時一定要將植物拿出來澆水，待完全瀝
乾水份後，再放回花器中。

馬鞍型花器的搭配

花器：馬鞍型花器，是非常具有日本味的花器。

植物：造型簡單俐落的五葉松。

其他材料：小粒赤玉土適量。清苔數片。

Step：

1. 將植物放入馬鞍型花器中。

2. 調整好位置。

3. 用銅線鉤住部分的主根系，然後穿過底孔固定住，使植物不至於搖晃，這種種法適用於大多數的淺盆。

4. 將小粒赤玉土壓實在表面。

5. 平均佈上青苔。

NOTE

◆ 這是比較高段的種植法，由於容積很淺，所以需要每年修剪掉一些根，並且最好在土表部上一層青苔保濕。

◆ 馬鞍藤花器的造型優美，但是需要日光充足，而且要保濕，維護較不容易，所以不建議忙碌的上班族施行。

◇如果您有個院
　子便很適合放
　置這種有雕像
　的英國盆器，
　為了不讓盆子
　顯得太單調，
　可種上色彩豔
　麗的彩葉草。

古典的歐風，有著尊貴的名門風範，強烈的宮庭氣息，細緻的紋飾雕刻，高貴的塑像。它具有強烈的地方色彩，造形語言特別明顯，在配種植物時也需要特別用心，再加上這種花器需要較多的雕功，價位相對的也高，算是市場上的稀有品種，因此在此只稍做介紹。

□ 半面壁盆是古典歐風花器中相當具有代表性的盆器。↑

□ 植上植物後，可隨意掛吊在壁面或欄杆上。↓

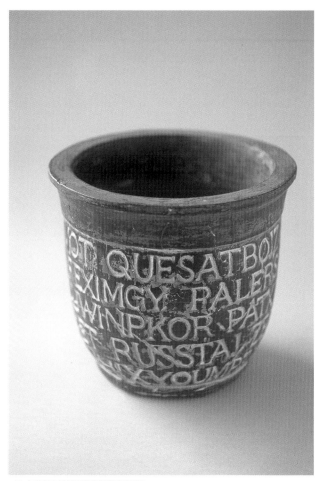

□ 古典歐風花器強調優雅的質感。

白淨地中海白盆的搭配

花器：古典歐風白盆

植物：水生植物狐尾藻三小盆。

其他材料：黏性土壤或土玉土。

Step：

1. 如果盆子有洞的話，可以用塑膠質的方塊放置在洞的上方，減緩水份的流失。

2. 填入土壤將三盆植物同時置入圓盆中，平均分置三角。

3. 注意再用淺盆配合湖尾藻時，植物一定要壓低，才具有美感。

4. 逐步將每個縫隙填入土壤。

5. 充分澆水後再檢視縫隙是否有凹陷，再以土壤填實即可。

古典歐風壁盆的搭配

花器：古典歐風壁盆，為了節省成本，這個花器只以FRP製作，先開了一個模具，完成
後再在表面上做一層噴沙處理。

植物：蔓性植物金蓮花及腎蕨各一盆。

其他材料：培養土適量。

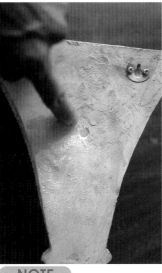

Step :

1.本示範用了兩種壁盆及兩種植物，種
植的方式是相同的。

2.壁盆的背面是平整的，要先看看是否
有排水孔，若沒有一定要請店家鑽。

3.將植物移植到壁盆中，注意不要種的
太高，盡量讓葉子可以蔓下來，蓋到
一些盆身，或將來可以蓋到盆身。

4. 加入培養土壓實即可。

洛可可風壁盆的搭配

花器：噴沙面半面壁盆，表面洛可可風紋飾深具古典風。

植物：天使薔薇一盆。

其他材料：泥炭土適量、有機肥料適量、厚手套一雙。

Step：

1. 先在泥炭土中拌上一些有機肥料備用。
2. 先比一下薔薇種植的高度，確定種植的位置。
3. 戴上手套，先填入一些土壤後，小心的將薔薇移植到壁盆中，調整好位置後再填入土壤，之後將泥土壓實即可。

NOTE

◆ 種植玫瑰、薔薇、仙人掌等有刺的植物時，一定要戴上手套，避免被刺傷，有些刺帶有毒性，一但被刺到會癢上好幾天。

◆ 玫瑰與薔薇都是很重肥的植物，所以要先在土中拌入有機肥料，以利生長。

◆ 薔薇中的天使薔薇和犬薔薇是屬於食用性薔薇，可摘來泡茶喝。

NOTE

◆聖誕紅搭配雕刻盆，和市場
上用塑膠盆販售的聖誕紅相
比，立即身價百倍，美極
了！

◆這種高價雕刻盆很重又很有
份量，建議先擺放在要放的
位置後再種植，種好後就不
需要再搬動了。

◆這種義大利製的素燒雕刻盆
有一些時間的疊積之後，會
有一些些青苔、一些些腐
蝕，會越用越漂亮。

歐風陶盆的搭配

花器：歐風陶盆，是高價位的精緻作品，雕刻部分雖然
是用模具完成，但做工手續繁複，所以相當昂
貴。

植物：聖誕紅一盆。

其他材料：培養土適量。

Step：

1.比對一下位置。

2.將聖誕紅移植入盆內，並填入適量培養土壓實即可。

充滿陽光的普羅旺斯，到處都是古老的建築，但各種傢飾、配件的色彩，都非常的豔麗，尤其是柑棕色、翠綠、寶藍，以及薰衣草的紫色，雖然彩度很高，但表面的紋路總會呈現自然粗糙的美感，這種高彩度的視覺美學，跟單純華麗的鮮豔，是完全不同的，讀者必須抓到要領，才能展現出典型的普羅旺斯風格。

　　而在植物的種類方面，請盡量選擇需要陽光的植物，例如仙人掌、多肉植物。很多人誤解仙人掌和多肉植物可以長期生長在室內，但其實在陽光充足的地方，它們才能真正生長良好。

　　另外，普羅旺斯是香草的產地，連帶地，像迷迭香、茴香、鼠尾草、百里香、羅勒等香草，就變成最適宜普羅旺斯風格的植栽了。

☐ 橙黃色可以做得很華麗，也可以像這麼樸素，這就是普羅旺斯風格，植上綠珊瑚這種枝條優美、顏色簡單的植物，呈現對比的色彩。→

☐ 鮮豔的色彩也是普羅旺斯風格的一大特色。←
☐ 素陶做的花器，樸質的粗糙感，是普羅旺斯風格最好呈現的工具。↓

扁平素燒陶盆的搭配

花器：扁平的素燒陶盆，很適合種植仙人掌，而且這種素燒盆在經過一段時間的風化與
　　　水洗後，會產生更自然的普羅旺斯風格。

植物：柑棕色仙人掌。

其他材料：1.培養土與沙質土各半的土壤適量。

　　　　　2.白色貝殼沙適量。

　　　　　3.不織布一張。

Step :

1. 盆器一定要有底洞，有些大一點的盆子甚至於要兩個以上的洞，以利排水，如果遇到沒有底洞的盆，一定要要求鑽洞或洗洞。

2. 在底洞上放上一張不織布之後，再鋪上土壤，以防止土壤因排水而流失。

3. 戴著手套，並墊上報紙後，再慢慢將仙人掌捧起來，放在正中央。

4. 在表土與植物之間的縫隙加上白色貝殼沙，以呈現仙人掌的色調，襯脫出主體的美感。

紅紫色瓷盆的搭配

花器：紅紫色的花器和薰衣草的搭配近乎完美，是普羅旺斯風格中不可缺少的顏色。

植物：五吋盆大小的薰衣草。

其他材料：木炭或木炭灰適量，進口泥炭土適量。

Step：

1. 在土壤中拌些木炭屑或木炭灰備用。

2. 將薰衣草移入盆中，一面填入土壤，
   一面調整位置至填滿土為止。

3. 澆水至完全溼透，並注意排水是否順
   暢，因為薰衣草喜歡乾燥環境。

NOTE

◆大部分的薰衣草都喜歡鹼性土壤，但一般市售土壤在
二、三個月後便會變酸，所以可以在土壤中拌些木炭
屑或木炭灰，便可改善土壤成為鹼性。

◆近幾年薰衣草可以說是花卉市場的新寵兒，更是普羅
旺斯最具代表性的植物，她那迷人的紫色花卉及香味
都很吸引人，但她不好照顧也是令人頭痛的問題，此
處特別列出照顧方法，請見下頁。

◆大約兩三個月後，必須再進行一次移盆的動作，以利
生長。

如何照顧薰衣草

薰衣草是一種很迷人的植物，由於它的原生環境與台灣正好相反，所以在本地真的很難養的很好，如果您把它當成一、兩年的植物，或許比較不會那麼失望，但是以下有幾個方法可以幫您模擬它的原生環境，讓您將薰衣草照顧的更好：

★寧可乾不要濕，最好等表土完全乾燥之後，再充份的澆水，而且一次便要澆到溼透，澆水時只要澆土壤，不要澆葉面，因為薰衣草的葉面結構是不會排水的。
★土壤要鹼性化。
★不要淋雨。
★夏季要移植到比較陰涼的半日照區域。
★常修剪。

其實要種好薰衣草真的是一門大學問，並不像想像中那麼美好，尤其是一些中、高海拔的品種，更難照顧。有機會筆者還真想出本書來介紹自己在台灣實際種植的經驗呢！

樸實質感的上釉陶盆搭配

花器：粗粗質感的盆子，加上橘色釉
彩，整體呈現樸實的質感。

植物：藍柏一盆。

Step：

1.這種上釉盆許多都沒有底
洞，除了洗洞穿孔外，照
一般程序種植之外，也可
考慮直接將塑膠盆套入。

> **NOTE**
> ◆藍柏是市面上少見的灰藍色的
> 植物，它在一堆綠色植物中會
> 特別出眾。
> ◆大膽的用色吧！灰藍色和橘色
> 搭配起來，您能想像是這樣的
> 結果嗎？！

自然質感上釉陶盆的搭配

花器：這個陶上釉的盆器製作的非常用心，它不是完全圓型，有手工的質感，在兩側還
　　　用麻繩做了裝飾，下半部上了桔色，讓整體充滿了自然的氣息。

植物：不知名多肉植物。

其他材料：沙質土壤。

Step :

1.先用目視比一下植物大約種植的高度。

2.一邊調整位置,一邊加入沙質土壤,土壤高度填至約九分滿即可。

高彩度陶甕的搭配

花器：陶甕造型加上明豔的色彩，南法普羅旺斯的氣氛馬上呈現。

植物：水生植物圓幣草。

其他材料：培養土適量。

Step :

1. 這種深一點的盆型，要先填上泥土，注意一下填上來的高度，要和塑膠盆子比一下。

2. 在塑膠盆的四週施壓，內緣的土便會與塑膠表面分離。

3. 用力拍打盆子底部，慢慢地將植物由膠盆內取出，取出時儘量不要影響根部。

4. 將植物放入甕中，再填入適當土壤即可。

NOTE

◆注意陶盆要有粗粗的自然感，如果太平滑如瓷器的感覺，太過華麗，便失去鄉村的自然平實感。

◆因為這種陶甕打洞有些可惜，所以最好選用適合終年都可以泡在水裡的植物。

橙黃色淺盆的搭配

花器：橙黃色可以做的很華麗，也可以像這個盆子這樣樸素，這就是普羅旺斯風格。

植物：荷蘭薄荷。

其他材料：培養土適量。

Step :

1. 薄荷是很重水份的植物，盆器本身如果沒有穿洞其實也無妨，所以水生植物的配種也可以納入考慮。

2. 先倒一些土進入盆中，邊調整位置，邊倒入土壤。

3. 最後將土壤壓實，多澆一些水即可。

NOTE

◆ 用寒色的綠與暖色的橙做搭配，感覺馬上就跳了出來。

◆ 薄荷並不挑土，只要有土壤、水份夠，便有利於它的生長。只要發現土壤裡都是根，就必須要分株，或移更大的盆器，另外常修剪也是延緩它生長速度的方法。

方形手工玻璃花器的搭配

花器：方形透明手工玻璃，加上一抹藍色，添加了普羅旺斯風格。

植物：三吋盆圓幣草一盆。

其他材料：白色貝殼沙適量。

Step :

1. 先在花器中倒入貝殼沙，並預留可將塑膠盆完全置入的高度。
2. 將圓幣草連同塑膠盆一同置入玻璃花器中。
3. 將貝殼沙倒入花器中，直到完全看不到塑膠盆及泥土表面即可。

NOTE

圓幣草可以生長在水中，所以可多加一點水，但不要超出貝殼沙的高度，否則會留下難看的水漬痕跡。

DEROMA手工壁盆的搭配

花器：意大利老店DEROMA生產的手工壁盆，容積不
　　　大，價位也不便宜。

植物：紫色草花三盆。

其他材料：培養土適量。

Step：

1.在底洞上放上不織布，鋪上土壤。

2.由某一邊開始種起，儘量讓花朵可以
　懸垂一些下來。

3.依序將三盆草花種滿即可。

NOTE

◆一般盆器的價位大多會高於植物本身，像示範的這種孔藍色
草花，價位在5盆100元左右，很多人都把它當做「消耗型」
植物，有點像切花一樣，但種植得宜的話，仍有長達一年左
右的壽命，當然也有幾個月或幾個星期便掛掉的，不過怎麼
算還是很便宜。

◆這種素燒陶盆，很符合普羅旺斯風格，即使在南法當地，這
個品牌的陶盆仍然相當風行，有各式各樣四方型的盆子、壁
盆、不規則的盆子等，由於使用較多的手工，加上運送時無
法重疊，所以價位會比較高，購買時要有心理準備。

Step：

1. 這種盆子較高，所以在植入前要先填入大量的土壤。
2. 將霹荔植入盆中，並將蔓出的莖葉調整好位置即可。

素燒陶盆的搭配

花器：素燒陶盆，這種素燒陶盆現在在花市中較
　　　精緻的店都可以找到，感覺非常的優雅。

植物：枝條較長的霹荔。

其他材料：培養土適量。

NOTE

這種素燒盆的毛細孔較粗，透氣、排水都非常好，但一段時間後便會長出一些或白、或黑、或青苔的斑來，很有自然質感，但如果您不喜歡這種感覺，建議還是買上過釉的比較好。

鄉村風格呈現出古樸而帶有時間餘味的感覺，這需要植物與花器的巧妙搭配，花器並不一定需要太昂貴，但有一些感覺需要時間營造，如果想要立刻擁有陳舊的效果，可以找一些仿古的盆器，或收集早期民藝的作品，應該都可以營造出不錯的效果。

甚至，萬一有些植物不幸死亡，那種枯萎後的頹廢，也能構成另外一種趣味，形成獨特的美感，並且可以省去照顧上的麻煩。

☒ 植物開花後結的種子，彈跳至土裡，甚至石縫都會長出後代來，像這樣就叫做附石，我把整塊石頭移到古盆，讓它長得更好，也更易於搬動及栽種。

☒ 用過一段時間的素燒陶盆表面上會有一些青苔，自然古樸，有些人甚至會故意去收集這種「古盆」，另外也有些人不喜歡這種感覺，覺得這樣髒髒的不乾淨，不過這種古盆很適合鄉村風格。

☒ 如果家裡有些竹編或藤編的藍子，只要將植物套入，馬上就能呈現出古樸的鄉村風格。

☒ 這是用椰子絲壓縮成的盆器，它的排水和透氣都非常好，唯一的缺點是年限一到便會破裂，圖中左下角已經破了一個大洞，而薄荷也從這個洞伸了出來，形成有趣的畫面。

白色四方錐形素盆的搭配

花器：白色四方錐形素盆，標準的地中海鄉村風格。

植物：石蓮花一盆。

其他材料：培養土適量。

Step：

1. 先在盆器中填土，然後準備將石蓮花移植至素盆中。

2. 因為石蓮花的葉片非常容易掉落，所以要盡可能小心，最好由兩個人合力移植，如果葉片掉了也別擔心，因為它會再長出來。

3. 將石蓮花移入新盆後，再從縫隙中加入土壤，從旁邊將土稍微壓實即可。

NOTE
石蓮花是一種既美觀又可養生食療的植物，不需要太多水份，本身便具有鄉村味道。

樸質無底洞瓷盆的搭配

花器：瓷的無底洞盆器，顏色不要太鮮豔，才能營造鄉村風格。

植物：水生植物珍珠藺。

其他材料：黏性土壤適量、白色小碎石適量。

Step:

1. 在盆器底部加入黏性土壤。
2. 將珍珠藺植入。
3. 用白色碎石將盆子填至九分滿。
4. 加水至淹過白色碎石的高度。

NOTE

◆珍珠藺為水生植物，所以水可以加到白色碎石之上，淹到植物，以利生長。
◆水生植物大多用較黏的土，如黏土、田土或很重的累玉土，因為這樣土才不會浮到水面上來。

Step：

1. 在素陶盆下的底洞上墊上不織布。
2. 鋪入一些土壤，然後將綠珊瑚從塑膠盆中移出，放入素燒盆中。
3. 將四周縫隙用土壤填滿。
4. 在表土鋪上貝殼沙。

素陶盆的搭配

花器：素陶盆，最能表現鄉村風樸質的味道。

植物：綠珊瑚一盆。

其他材料：沙質土壤適量、貝殼沙適量。

> **NOTE**
>
> 綠珊瑚本身只有枝條的枝幹，簡單卻很有味道，選購時要特別注意植物的平衡性。

Step：

1.在花市中可以買到整盆的木賊。

2.用手一把抓起木賊，修剪根系，
　約留下10公分的長度。

3.放入淺圓形的盆中。

4.用較重的土或赤玉土填壓，壓實。

5.充分澆水即完成。

圓形淺盆的搭配

花器：淺圓形紫砂盆，是較少見的花器，但種植
　　　植物後能突顯出特殊的田園風格。

植物：木賊一盆。

其他材料：較重的黏性土或赤玉土。

NOTE

◆木賊早期在台灣早期農業社會的
　稻田邊時常可見到，但在普遍使
　用農藥的環境中逐漸消失了，現
　在只能在花市中看到。

◆木賊屬於蕨類，早期有做成掃帚
　的功能，日本人則拿來打磨漆
　器。

手繪陶燒缽型花器的搭配

花器：手繪陶燒缽型花器，看起來溫潤樸素，材質不要太華麗，便能達到鄉村的質感。

植物：迷你筆筒樹。

其他材料：培養土適量。

Step：

1.將筆筒樹置入缽中，調整好位置。
2.置入土壤至九分滿，然後將土壓實
　即可。

極簡自由風 . . .

□ 白色簡單的方形花器，搭
配線條簡單的龍舌蘭屬植
物，俐落的儉約風格自然
呈現。

極簡自由風格是以最簡單的造型和色澤來塑造視覺焦點，不再刻意強調花器的紋飾和造型，以最簡捷流暢的線條，讓純粹與素樸，進駐居家生活的空間。

　　極簡風潮非常講究器物與空間的搭配，在花器的造型與色澤上，反而會出現讓人意想不到的創意及內涵，在花朵或植栽的選擇上，更是迭有新意，越有形的花卉品類，越容易受到青睞，以最簡捷的線條，營造出最前衛的視覺效果。

　　極簡主義早已流行多年，在這個單元中我們選用以白色為主的花器，材質上則大多是玻璃製品，這種搭配方式雖然很冷，卻很符合簡約的現代時尚風格，畫面中出現的產品大都屬高價商品，讀者可以相似商品發揮。

□本章中所使用的大部份以白或透明為主的色調，這件藍色霧面玻璃是少見的花器色彩，為了不失敗，我選用了顏色相近的藍紫色花卉，整個寒色調在鮮紅的傢俱中顯得特別出色。

　　時尚自由風格雖簡單，但很重視一個條件，便是簡約、不要過於繁複，本篇示範的花器都具有幾何形式，無論直接種植套盆或插花，務必選用素雅的花材，至於色彩的選定則需搭配環境設定。

□創造極簡自由風的首要條件便是有特色的而顏色單純的花器，像圖中的漏斗型白瓷花器本身變相當具有風味，搭配顏色不要太多的龍舌蘭屬多肉植物，更能符合簡約的概念。

□這個花器的開口是相當有趣的不規則弧形，插上乾燥的大麥和薰衣草，非常適合做室內佈置。只要花器運用得宜，乾燥花便能呈現出深具質感的氣氛，而且還能少去照顧的麻煩。

黑色玻璃瓶的搭配

花器：內壁上黑漆的霧面玻璃花器，質感很
酷，很有時尚風格。

植物：線條簡單的薊科乾燥花或果實一把。

Step：

1. 為了讓這個黑色玻璃瓶感覺起來更酷，選用
   有幾何的鋸齒葉子的進口薊科乾燥植物。

2. 直接將乾燥植物插入瓶口，別想太多，隨
   意理出自然奔放的線條即可。

3. 完成後與柔和的白床形成強烈的對比。

NOTE

◆千萬別買塑膠花或塑膠水果，
它即使做的再怎麼真實，也不
適合用在簡約風格裡。

◆自然的乾燥植物有自然的野
性，很原始，好像千年前的植
物一般。

◆乾燥花在台灣並不容易買到，
尤其是一些進口的品種更是如
此，您可以自己動手做，將盛
開的花朵剪下來倒吊，自然陰
乾幾個星期後即可，菊花和薰
衣草都是做乾燥花時不錯的選
擇。但是進口的乾燥花都有做
過特別的處理，不會掉落花
瓣，顏色也很鮮豔，自己就很
難做出這樣的效果了。

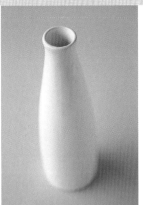

Step：

1. 開口很小的花器大概只能插一朵花而已，如果不想麻煩，像這樣插一些乾燥花也不錯。

2. 先插上紫色的乾燥花後，再加上紅色乾燥花調整位置，記得要有高低，才能讓層次感呈現出來。

3. 擺放在咖啡桌上，便成為視覺焦點。

小口白色花器的搭配

花器：開口很小的白色花器，很像平常放在咖啡桌上的小花瓶。

植物：顏色穩重的紫色和紅色乾燥花。

NOTE

乾燥花髒了千萬別用水洗，只要用吹風機吹一吹便可，但千萬別累積太久才處理。

特殊圓扁型花器的搭配

花器：這個圓扁型花器，造型非常特殊。

植物：黃色海芋六隻、大芋葉一片。

其他材料：插花用劍山一座。

Step：

1. 這個花器像極了病人的便斗，為了不引起這個
   聯想，用一片大大的葉子把它的造型破壞掉。
2. 將海芋一一插上，並調整高度及斜度，不要插
   的太直，否則看起來會很奇怪。
3. 擺放在適當的地方即可。

NOTE

這種風格獨具，質料高級的花器，費用都不便宜，但相對的，它的進口量少，必須在高級的家飾店才買的到，也成為個人珍貴的收藏，總之衡量自己的經濟能力再做決定吧！

超厚邊白瓷花器的搭配

花器：超厚邊白瓷花器，比起薄的花
　　　器多了一份粗礦的美感。

植物：太陽花一大把。

其他材料：剪刀。

Step：

1.先修剪買來的花朵，然後直接插入洞口，記得剪下的
　那一刀寧可多預留一些，留多了還可以再剪。

2.插花時沒有任何技巧，高度與多寡視個人喜好而定。

3.擺在素色家具中便能顯現出特色。

NOTE

極簡風格，嚴禁花俏，
可別用日本或中國的正
式花藝流派方式去插
喔！只要掌握平衡、自
然、對稱、比例等極簡
的要素即可。

不規則白玻璃花器的搭配

花器：不規則白玻璃花器，深具現代感。

植物：多肉植物雙飛蝴蝶一盆。

其他材料：墊底保麗龍適量、能完全放入花器洞口的塑膠盆一個。

Step:

1. 先用保麗龍墊在底部以調整高度。

2. 套上合身的塑膠盆，慢慢地調整至合適高度。

3. 拿出塑膠盆，將雙飛蝴蝶植入，再放回花器中即可。

4. 完成後的作品本身就深具魅力，擺到室內更具趣味。

NOTE

◆ 高價的花器有時很不捨得鑽底洞，或根本無法穿洞，只能用「套盆」的方式。在墊底部的時候，要選用輕質的材料，才不會造成負擔。保麗龍、保麗龍球、珍珠石都可以。

◆ 雙飛蝴蝶是一種多肉植物，不太需要澆水，很適合白色的盆器。

四件一組白色花器的搭配

花器：四件一組的白色花器，除了規規矩矩地排成田字型外，也可以自由地安置、排
　　　列。

植物：一大盆水生植物（菖蒲類）。

其他材料：黏質土適量、白色細沙適量。

Step：

1. 將一大盆水生植物分成四株，注意不要分得太平均，有多有少；加入個人的主見，才能駕馭盆器。

2. 將植物種入盆器中，加土適量。

3. 最後在上層放置細沙鋪平即可。

純白色圓肚磁盆花器的搭配

花器：純白色圓肚磁盆。

植物：腋唇一盆。

其他材料：墊底保麗龍適量、能放入花器洞口的塑膠盆一個、水草適量。

Step：

1.先用保麗龍墊在底部以調整高度。

2.套上合身的塑膠盆，慢慢地調整至合適
　高度。

3.拿出塑膠盆，將水生植物植入，

4.最後可佈上一些水草保濕，再放回花器
　中即可。

NOTE

◆純白色瓷盆，在一般觀
　念大都拿來插花，瓶身
　與花的比例大概就是最
　指導原則，如果想要直
　接種植可以考慮水生物
　或本篇示範的蘭花。

◆這種蘭花在不開花時仍
　能欣賞葉子的姿態，若
　仕窗邊則會有迎風遙曳
　的感覺。

基本款白瓷花器的搭配

花器：造型簡單的方形瓷盆，比例、造型都相當優
美，是愛插花的人必備的基本款。

植物：天然乾燥的卡斯比雅一把。

其他材料：剪刀一把。

Step：

1.先筆劃一下瓶子的高度，將卡斯比雅修剪到適合
高度。

2.直接卡斯比雅插入瓶口，理出比例平衡的感覺。

3.放置在方形茶几上。

NOTE

圖中所示的環境正好是積木組合，
符合不變的方矩定律。四處都是方
形的茶几、沙發、托盤、櫃子、抱
枕，一切都搭配的剛剛好。

手工玻璃花器的搭配

花器：透明長扁型花器，表現的通透感很
　　　適合簡風格。

植物：圓幣草少許。

其他材料：貝殼沙適量、小魚數隻。

Step：

1.將貝殼沙洗淨後放入玻璃花器中。

2.加入九分滿的水，將小魚放入。

3.將圓幣草泥土洗淨後放入花器最上方即
　可，注意不要放太多感覺會較好。

NOTE

玻璃花器很適合切花和養小魚，想
養小魚的話，可詢問水族人員無需
打空氣的魚種，這樣可在冷調的空
間中注入一點活力。

圓柱型玻璃花器的搭配

花器：圓柱型玻璃花器，在打上燈光後會呈
　　　現不同的感覺。

植物：加寧桉。

Step：

1.將整把加寧桉插入瓶中，
　稍微調整位置。

2.倒入約三分滿的水即可。

NOTE

◆圓柱型的玻璃器非常普遍，
　價位不一，選購較大型時需
　要注意注水時會不會爆開，
　以免發生危險。

◆加寧桉，20幾年前便引進台
　灣，線條優雅，價位宜人。

Step：

1. 開口朝上時，可放置幾片水生植物槐葉蘋，簡單、大方的模樣。便讓室內空間充滿生氣。

2. 開口朝下時，用乾燥的大麥，塞入圓徑內，正中間的凹槽處則注水，投入一朵剪去莖部的白玫瑰。

特殊造型玻璃花器的搭配

花器：這個造型玻璃花器的造型相當特殊，可以做正反兩種風格的搭配。

植物：槐葉蘋或乾燥大麥及白玫瑰一朵。

NOTE

◆這款玻璃花器可以做正反兩種風格的搭配，本書上的展示也只是一種思考的方式而已，讀者並不一定要照著做，記得面對花器時，要有自己的美感與想法。

◆筆者曾將白玫瑰改為紅玫瑰，但味道完全不對，所以在搭配時，要注意色彩不可言喻的影響力。

第5章 創意花器DIY

〉 〉〉

除了購買現成花器之外，其實身邊就有
許多便宜而隨手可得的材料，可以做成
風格獨具的手工花器，發揮DIY精神，做
一個屬於自己的、獨一無二的花器吧！

藤木竹類等自然材質

　　自然材質的東西在郊外或鄉下，甚至城市的公園綠地，隨處都可能遇見，撿拾回家便可做成便宜又有創意的DIY花器，而一些木製或藤製的器皿，原來並非用來當做花器用的器具，但只要發揮一點巧思，別緻的花器效果也能立即呈現。

　　竹子本身在線條和顏色的美學要求方面，已具有極大的先天優勢，不論是綠色的翠竹，或乾燥的褐竹，可以單枝，或將幾根竹節疊砌起來，用鐵絲、藤條、麻繩加以捆綁，配上幾枝顏色對比的花草，往居家的角落一擺，立刻會形成視覺的焦點，不但品味風格兼具，而且所費不多，更不需要太多專業的技能，只要讀者有心，絕對是只此一家、別無分號的創意佳作。

　　木材跟竹子一樣，都是非常天然的材質，所以跟小草野花會特別地搭調，如果可以盡量配合一些類似的花朵和植栽，將會是非常討喜的組合。鶯歌老街曾經出現過以海邊飄流木爲主體，用麻線和鐵釘所組合而成的盆器與盆架，飄流木的滄桑和古樸，與小型的植栽，像圓幣葉、蕨類等小植栽非常相襯，擺在室內或室外都非常突出，是很別緻的組合。

　　庭前後院如果剛好有閒置空間的讀者，可以找大型的不規則樹瘤，或者廢棄不要的木料數根，不妨把這些材料隨意擺放，看是擺成幾何圖型的規律狀，或者做多層次堆疊，否則直立的柱狀

▣ 將竹子挖個洞，隨意插上花草，便是風格獨具的花器。

□ 野外撿來的腐朽樹塊,插上一朵黃玫瑰,再鋪上青苔保濕,別有一番風味。

也行,在材料的凹陷處填上蛇木塊和水苔,沒有現成的凹陷也沒關係,自己用小刀片或鋸子弄幾個洞就可以,否則用鐵釘釘上幾塊蛇木也成,這樣一來,馬上就可以種些不需要太多土的半氣生植物,像蟹爪蘭、毬蘭、羊齒、高山羊齒、鹿腳蕨之類的植物,喜歡熱鬧點的讀者,就種非洲鳳仙花、蝴蝶蘭也可以。

□ 一方生意盎然的角落,將會是讓人驚豔的傑作。

□ 使用一大塊蛇木,種上霹靂、蕨類及鹿角蕨,呈現出來的層次感相當漂亮。

木頭創意花器

材料：大型的不規則樹瘤，或者廢棄不要的木料數根、藤木或棉絲線數條不需太多土的半氣生植物，如：蟹爪蘭。

Step1：將不規則的木料堆疊，並用強韌的藤條或絲線在一一纏繞綁緊。先完成一面，再組成上面有開口的木頭花器。

Step2：將蟹爪蘭放進木頭花器中，懸弔於樑上。

　　另外還有些本來不是用來當作花器的木頭盆器，例如酒桶或者水桶、木製沙拉缽等，其實只要花一點巧思，就可以讓它們便身成為有趣又有味道的花器，如果是用久了的這類物品，千萬不要急著丟掉，用來廢物利用更是省錢又環保的好妙招。

木製沙拉缽創意花器

材料：木缽一個、鉛筆、園藝用剪刀、大小剛好套入缽中的塑膠盆、符合木缽大小的蔓性植物一盆(圖中示範的是藍柏)。

Step1：先找一個剛好可以套在木缽裡的塑膠盆。

Step2：用鉛筆沿著木缽邊緣略低的地方畫上線。

Step3：用園藝用剪刀循線剪下。

Step4：再將塑膠盆套入木缽，確定塑膠盆比木缽低，種上植物後才不會穿幫。

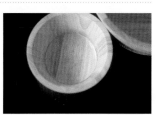

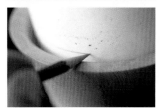

Step5：種上蔓性植物，蓋住塑膠盆，如此神不知鬼不覺才是高明的手法。

Step6：調製沙拉用的木缽，如果想要拿來當花器，絕不可直接種植，因為會很快就會腐爛掉，所以澆水時一定要將塑膠盆取出後再澆，瀝乾後再套入木缽中，木缽才能持久耐用。

　　藤類材料的特色就是不規則的彎曲線條，除非是專門用來懸掛之用，否則大部份都是拿來編製花器，或是延伸整個作品的線條為主。如前面所提到的懸吊特性，如果能結合懸掛和花器編製的裝飾效果，應該可以自己編製出非常與眾不同的花器擺飾，用來懸吊長春藤、玉羊齒或蘭花之類的植物，會特別地有味道。不過編製藤籃或掛簍以前，必須先將從材料店買來的藤鞭泡水，才能軟化藤條的纖維，不至於被刺傷，這是讀者在嘗試時，必須特別留意的。

　　若是讀者覺得自己編織太費時，也可以去收集一些具古意的藤籃，運用這些藤籃來做花器，也是不錯的選擇。

◨ 我收集了許多早期的竹編藍，把喜愛的蔓性植物（圖中為百里香）套入竹編藍中，便可讓這些藍了生色百倍。

復古手編藍創意花器

材料：藤製手編籃2個、種在塑膠盆中的彩葉常春藤一盆、武竹一盆(盆子必須可以整個套入籃子中)、棉布手套1雙、塑膠花盆1個。

Step1：古早的藤製提籃在現代已少人使用，但是發揮創意，也能使古早味的提籃，成為古樸的花器。

Step2：選擇的這兩種植物都是蔓性植物，蔓性植物具蔓延特質，可以遮住籃子的開口，不會看到放置在裡面的塑膠盆，而且顏色與古樸的藤製花器相互輝映。

Step3：將種在塑膠盆中的植物，直接套入竹編籃中，調整好位置到看不見塑膠盆即可。

Step4：藤製花器怕潮濕，栽植的植物最好是選擇不太需要水份的植物，記得澆水時一定要把植物拿出來，瀝乾後再套入，不要偷懶，否則籃子很快就會腐朽了。

Step5：栽植妥當的藤製花器擺在紅磚地面上，尤其搭配。

玻璃材質類的器物

在我們的日常生活中，充滿了玻璃材質的瓶瓶罐罐，超市大賣場的水杯、牛奶杯，泡菜、花瓜罐頭吃完之後的玻璃容器等等，把隨手買來卻閒置的玻璃杯，裝上水，插上幾片黃金葛或萬年青等好生養的綠色植物，或者兩三枝花店買來的切花，很快就會為自己的書桌或臥房帶來生命的氣息。再不然幾朵插花用剩的菊花、玫瑰（中大型的花卉較適合），去枝條隨手放在玻璃或淺碟子裡，會立刻產生一種飄浮和流動的美感，這是固定的瓶插擺飾所沒有的動感，值得一試。

甚至像各種品牌雞精的空罐，泡水去除標籤之後，就是很好的裝置性擺設的器材，直接堆疊成自己想要的型狀，或者用熱融膠稍為黏合一下，一個市面上絕對買不到的創意花器就出現了，選擇性地在其中幾個罐子或杯子裡裝水（尤其是杯身修長的高腳杯），插上幾朵各色的小花和草葉，就會讓自己的奇檬子，立刻飆到最高點。

高腳杯創意花器

材料：一只閒置或便宜的高腳杯，最細的貝殼沙適量，水生植物狐尾藻一盆。

Step1：把高腳杯洗淨瀝乾。

Step2：找一盆迷你型的狐尾藻，比較好操作。

Step3：將植物從塑膠盆取下，放在高腳杯的中央。

Step4：慢慢從旁邊填入白沙至約九分滿。

Step5：加水至石頭的高度即可。

陶瓷材質類的杯瓶

　　百貨公司、書局的週年慶或來店禮，常會有一些各種造型的瓶罐、清酒瓶或馬克杯、咖啡組之類的陶瓷盆器，真要拿來使用的實用性其實不高，拿來送人不好意思，丟掉又覺得可惜，上不上、下不下的結果，通常是一年堆過一年，越堆越多，平白佔據了不少可利用的空間。倒不如拿出來注點水，擱進各種容易存活的植物，像巴西鐵樹、長春藤、地瓜葉、馬拉巴栗等等，或者不需要多水份的多肉植物如蘆薈，每個房間的角落都擺上一個，不需要很大的空間，或者太多的花費，就有畫龍點睛的效果，何樂而不為。

創意陶瓷花器

材料：色澤較深的素面馬克杯或陶杯一個，沙質土適量，小石頭適量，不太需要水的植物一小盆，本例用的是蘆薈。

Step1：把選定的陶瓷容器準備好，備用。

Step2：將選定的植物小心移出，放入陶杯裡，根部擺放整齊，根鬚太多時，可以略加修剪。

Step3：用土塞滿整個容器後壓實，盡可能看不到植物的根部。

Step4：鋪上小石頭，讓整理看起來更具質感。

Step5：放在陽光照得到的窗臺或矮櫃上。

Step6：多肉植物要注意水不要澆的太多。

金屬材質類的器物

　　金屬的花器在台灣較少見，但是用來當做其他用途的金屬材質器物卻很常見，例如早期的金屬澆花器、在生活工場等傢飾店的馬口鐵垃圾桶等，用這些東西也可創造出別具風格，剛中帶柔的創意花器。

金屬材質創意花器

材料：馬口鐵垃圾桶1個，鑽洞機、細鐵絲網一片、蔓性迷迭香一盆、赤玉土（大顆）適量、泥炭土適量。

Step1：先用鑽孔機在馬口鐵垃圾桶的底部鑽三個洞（用鐵釘打洞亦可），以利排水。

Step2：在洞上面舖上細鐵絲網，防止土壤流失。

Step3：加入赤玉土以利排水，再舖上泥炭土。

Step4：將迷迭香小心的從塑膠盆中取出，不要傷到根系。

Step5：將迷迭香置入馬口鐵垃圾桶中，在將縫隙及表層用土讓填滿。

Step6：充分澆水至水從底部流出為止。

貝殼類等不定型材質

　　貝殼本身就具有非常多樣而且豐富的樣式、造型和顏色，單獨的貝殼擺飾和垂簾的觀賞價值，已經廣泛被上班族及學生族所接受，一個造型獨特的貝殼，或是貝殼材質的器皿，可以利用一兩塊小小的插花海綿，幾朵現成的切花和葉材，一個小品的插花作品就出現了，不為炫耀，只是為了讓自己的生活多點情趣和美感，有何不可？

　　想提醒讀者的是，貝殼材質的花器，由於受限於可裝水的空間和平衡感的問題，並不適合太多樣性的花材（大型的盆器就另當別論）。假使盆器本身的線條，已經非常特殊搶眼，這個問題就更需要特別留意了，以免喪失貝殼花器獨特的質感。當然，貝殼材質的花器，不單單只可以運用在小品插花方面的嘗試，初學者在有限可利用的空間裡，放些培養土或水苔，植入幾株容易存活的雷公草、大葉細辛或酢醬草，都會是非常出色的創意。已經有小盆栽種植經驗

的讀者，甚至可以移植點長得慢的木本小樹，例如：扁柏、二葉松、楓樹、空氣鳳梨、仙人掌等，都會是挺別緻的設計。

貝殼創意花器

材料：打洞器具一組，大型的貝殼或海螺一個（以可以塞進手掌大小培養土的尺寸為佳），培養土適量，麻繩一段（可用可不用，長短視懸吊的高低為準），容易繁殖的植物一株，如：空氣鳳梨、綠珊瑚、蕨類等。

Step1：把貝殼內外洗淨，備用。

Step2：懸掛者就先用打洞器具小心鑽兩個洞，綁上麻繩。純擺設不懸掛者，就不用鑽洞。

Step3：把選定的植物塞進貝殼底部，用培養土塞緊壓實，懸掛或放置在適當的處所。

其他材質

　　除了以上的素材之外，花器的創意並一定要局限在現成的瓶罐等範圍，也可以自己選擇適當的材料重新塑形，甚至把完全不相干的素材相互搭配也成。舉例來說：讀者可以使用粗一點的鐵絲、銅線之類，方便彎曲塑形的金屬當主體，折出自己屬意的盆器型式，再拿一塊粗線條織成的棉麻質布料，放在已經塑型完成的金屬器體內部，然後在棉麻布上，擺些質地較輕的泥炭土或培養土之類的介質，就可以將買來的小型盆栽或植株，移植到裡頭，同樣可以創造出獨特的美感，讀者如果有現成的材料，不妨立刻試試看，這種創意的優點，在可以將創意花器的取材範圍更加地擴大，而且不必耗費太多的工夫，但是成就感滿點。

其他素材創意花器

材料：直徑3～5釐米的鐵絲或銅線200～250公分，深色素面的粗麻布一塊（長寬各約 40公分），培養土適量，小草花或小盆栽一盆，如：非洲鳳仙花、矮牽牛。

Step1：把鐵絲或銅線折成預定的盆器形狀，底部的線條最好密一點。

Step2：粗麻布鋪平，攤在折好的盆器底部。

Step3：把選定的植物小心移植到麻布上，用培養土蓋住 植物的根部，塞緊壓實。

Step4：放置在不受潮的桌案上即可。

Step5：由於粗麻布不容易保留水份，請注意適時補充水 份。

第6章 花器的選購 〉 〉〉

談了這麼多關於花器的概念，讀者一定很想親自動手，體會一下DIY的樂趣，選購幾款自己喜歡的花器進行嘗試，將是首件要做的是事情，在此提出幾個選購地點，供讀者參考；並且提醒讀者一些選購的秘訣。

花器選購的地點

名牌精品直營店

台灣在流行時尚的步伐，跟全球的主流市場，已經幾乎沒有任何時差上的問題，甚至因爲驚人的消費實力，逐漸擁有讓歐美精品大廠不敢輕忽的分量，紛紛來台進駐，或找尋平行輸入的代理商，因此除了少數的幾個品牌以外，大部分知名的家飾精品，應該都已經可以在台灣買到。

不過，因爲所有設計師品牌的價位，通常也有著金字塔頂尖的消費族群，有專業的室內設計和整體的裝潢與之搭配，一般消費者假使有意選購，最好是盡可能選擇比較安全的風格單品，以免與預期的效果出現落差。以逐漸風行國際的琉璃工房爲例，在

◪ 名牌精品直營店──台中LIGNE ROSET傢飾概念館。

全台灣各大百貨公司或大都會，均設有直營或加盟的門市或專櫃，讀者如有需要不妨直接前往參觀選購。琉璃工房如此，相信其他的名品花器，自然也可以比照辦理。

各大百貨公司與家飾專賣店

由於台灣的生活水平，已經從量的擁有，逐漸邁入質的提昇階段，因此舉凡各大都會的百貨公司，幾乎都會有專門以家飾用品爲主的樓層，大到家具床

組，小到窗簾、掛鉤，一應俱全，花器園藝通常也會是附屬在內的項目之一，更別提像IKEA、無印良品，這種專門瞄準雅皮族的家飾賣場了，各種不同來源的進口花器任君選購，甚至還提供專業的諮詢服務呢！不過需要提醒讀者的是，這類賣場專櫃所銷售的花器，通常以簡單的風格取向，或歐美風格的商品為主，這是行動之前必須先有的概念。

各地的觀光老街或花市

這類場所，以鶯歌陶瓷老街和水里蛇窯為代表。稍有涉獵的讀者應該都知道，這兩個地點是以陶瓷器皿為主力商品的賣場，有創金氏世界記錄的手工陶

◨ 水里蛇窯專賣陶瓷類花器。

甕，也有可以在掌上把玩吹奏的陶笛，種類花樣繁多，不一定只有選購花器的時候才可以前往，即使當作一日遊的目的也挺不錯。另外，像各都會城區的花卉批發市場，例如台北市建國花市之類的場所，應該也都會有花器的開架式陳列，可供選擇，讀者去買花的同時，不妨也多走走逛逛，只不過這一類的賣場有個缺點，就是多以量產的規格化盆器為主，較不具特色。

◨ 田尾可說是全省花卉及盆器種類及數量最齊全的地方。

◨ 台灣各個花市中的花器及植栽均很豐富，是市區居民從事園藝活動必到之處（圖為台中惠文花市）。

平價賣場

近幾年B&Q特力屋或家樂福這類大型的賣場，普及的速度極快，連帶地也改變了一般民眾的消費習慣。以特力屋爲例，不但設有園藝專區，連相關的園藝用品，像花鏟、噴器、肥料以及花磚、圍籬都有，挺符合現代人忙

▨ 在像B&Q特力屋這樣的大賣場，可一次買齊所有必需用品。

碌的居家步調，如果沒有太獨特的需求和品味，一般初階的盆器應該都不難買到，價位也不會難以入手，剛涉獵的讀者不妨多多利用。

個性精品店與手工藝品店

在台灣，盆器的輸入國和盆器的價位，幾乎都是成正比的。歐美平行輸入的商品，跟東南亞進口的花器，在材質和價位上，會呈現出截然不同的分野，歐美偏重在金屬、水晶、陶磁等材質的時尚風格，東南亞則以原木、籐編和自然材質的花器爲主流，價位也比前者略低。不過東南亞的花器有一個特別的優點，就是強烈的民俗趣味，那種不假雕飾的素人風格，與歐美精品的設計感，恰好是極端的對比。

撇開價位的問題不談，單以花器本身來比較，倒沒有孰優孰劣的評比，只有喜不喜歡，適合與不適合的問題，因爲美的本身，不一定是可以用價位去衡量的。然而，即便如此，讀者在選購這類天然材料製成的盆器時，還是得奉行「貨比三家不吃虧」的法則，以免造成出手太快，日後飲恨的遺憾。

花器選購備忘錄

玻璃花器

　　玻璃花器的款式、大小和價位，恐怕是所有類型花器當中選擇性最多的，玻璃花器的選購，通常以花器的造型、體積大小和玻璃的厚度，作為主要考量的重點，造型越特殊、體積越大、厚度越厚的，價位也會比較高。琉璃和高純度的水晶玻璃，或者國外引進的知名品牌，可在各大百貨公司的專櫃或獨立的門市選購，不過由於這類的花器，大多是國內外設計師的經典款式，議價的空間不大，必須慎重考慮居家空間的風格和質感，以免花了錢卻營造不出預期的效果，就非常可惜了。

　　除了水晶玻璃和琉璃兩種價位與品味兼俱的成品，其他中高價位的造型玻璃和盆器，可以到IKEA或生活工廠這類大型的家居用品專賣店選購，應該也會有些特色商品可供參考。而一般家庭主婦和上班族隨手可得的玻璃器皿，從魚缸型的大型花器，到僅容一枝花莖伸入的小型花瓶，不論是基於造型或價位上的考量，恐怕都有多得讓人不知如何取捨的困擾，心動的時候，不妨找個時間馬上行動。

陶瓷花器

　　陶瓷花器在台灣，除了少數由國外進口以外，多以台灣本地的商品居多，加上這幾年社區營造的意識抬頭，以及時尚復古風的影響，陶瓷盆器的展售點有增加的趨勢，舉凡各以復古為號召的知名觀光景點，都會有一兩家紀念品的展售中心，而各類容易攜帶，而且富地方特色的小型陶藝飾品，幾乎均在展售的行列。這些小巧又平價的瓶瓶罐罐，將會是旅程中最好的紀念品，自然小型陶瓷花器選購的機會，應該比大型花器的多出許多。

　　專業的花卉或園藝業者，通常有各自習慣合作的對象，不過對於業餘的讀者來說，選購的難度相對的會高一點。以大型的陶甕或瓷盆為例，一般花店所

能提供的，多半是量產的規格化商品，如果讀者有特定的用途和需求，往往很難在類似的行銷通路當中，找到合適的目標，這時候以陶瓷為主要號召的地區，或是以創意為名的個人工作室，將會是最佳的選擇。

　　鶯歌老街以鶯歌陶聞名，近幾年已經成為熱門的產業觀光休閒區，各種用途的陶瓷盆器，從小朋友喜愛的童趣泥人，到收藏家眼中個性化的藝術品，琳瑯滿目，應有盡有。雖然當中不乏重複的量產成品，但仔細尋找的話，還是可以有些與眾不同的東西出現。不過，由於老街商業化的程度越來越高，這類的商品就更需要多花點時間，去等待有緣人了。

以蛇窯為首的水里，是中台灣陶瓷產業的重鎮，水里陶是南投陶真正的繼承者，雖然曾經在九二一大地震中受到嚴重的損耗，不過經過業者的努力，現在已經幾乎恢復舊觀。蛇窯曾以手工陶甕列名金氏世界紀錄，正因為至今園區內，仍擁有數名資深的手工陶老師傅，相對於現今大量瓦斯窯的成品，蛇窯古老的手工和材燒窯的堅持，自是彌足珍貴。

讀者假使需要較大尺寸的陶甕或陶盆，不妨前往各賣場洽詢、訂製，在搭配的自由度上，應該會提高許多，不過訂製的盆器，既然是專為顧客量身燒製而成的，在價格方面會比坊間量產的花器貴一點，這點也是讀者必須具備的常識，否則問出太外行的問題，恐怕會挺尷尬的。當然，南投除了水里蛇窯以外，這幾年也陸續有負笈外地的藝術工作者，返回原鄉繼續為南投陶的傳承而奮鬥，讀者有興趣的話，可以多方參考，能多接觸、多涉獵，自然遇到心儀成品的機會，也會多一些。

天然花器

天然素材的花器，由於上游來源的途徑不一，價位的落差會大一點，因此購買這一類的盆器時，一定不能衝動，先確定自己想要的風格和效果之後，再多逛幾個地方，多方參考比較，才不會因為不同賣場出現的價差，影響了創意的心情，這一點挺重要，否則那種很想「搥心肝」的悔恨，絕對很有挫折感。

金屬花器

　　金屬花器的外觀，會因為不同的處理過程，而產生截然不同的效果，在選購這類花器的時候，絕對不能偷懶，最好對理想中的色澤和線條，有一定的概念之後再出手，會比較容易挑選到合意的款式，能把原有室內裝潢擺設的材質，一併列入考慮的話會更好。再者，拜現代工藝技術所賜，有些不是金屬材質的花器，看起來卻足以亂真，一個不小心，就可能買到不是金屬材質，看起來卻像金屬花器的盆皿。如果讀者真的非常介意花器的材質，那麼在開架式的賣場選購時，恐怕得動動口詢問一下，才不至於所買非物，花錢找氣生。萬一，只是萬一哦，萬一不幸真的買到像金屬的非金屬製品，不妨樂觀一點：能騙過自己，當然也能騙過別人，既然看起來這麼神似，就不用太過扼腕或遺憾了啦！

第 **7** 章　花器的保養

〉　〉〉

花器跟美女一樣，需要嬌寵與疼惜，才
能保持最佳的觀賞價值，以下將簡單提
醒讀者，對於各類花器在清潔保養方
面，所需要的注意事項，讓花器能夠延
長使用年限，永保如新。

陶瓷花器

陶瓷花器的特性是易碎，最忌諱碰撞和傾倒，假使不小心出現裂縫的話，只要裂痕還不算太明顯，至少還可以純粹拿來當擺飾，或者插上不需要有水的乾燥花、牛頭茄之類的素材，不過再高級的陶瓷精品或盆器，一旦出現無法遮掩的裂痕，甚至破碎，就完全喪失原有的價值了，因此，如何避免碰撞，將是保養陶瓷類花器的第一要務。

高級的進口或本地名牌精品，在購賣時應該都會附有原廠量身訂製的包裝箱或包裝盒，這些隨器附贈的紙箱、紙盒和襯墊，在盆器拿出來使用以後，最好也能妥善收藏在乾燥的處所，以備不時之需，萬一花器需要輪替時，就能取出來把東西裝回去，不但能完整收藏，而且不必擔心損害的問題，甚至在搬遷的過程中，都能提供最有效的保護，即使在搬運的過程，不小心出現碰撞，也能將損害降到最低。

大型盆器的箱盒，會比較佔空間，不方便收藏，這時不妨檢視一下，看看箱盒本身是否有拆卸的可能，如果有的話，就可以按照原來的方式，攤開後平面收藏，等下次需要用到

的時候，再重新組合，如此一來，應該能夠有效節省儲存的空間。當然，如果是用在室外永久擺設的固定盆器，收藏包裝盒的動作，可以省下來，直接請環保單位的回收人員幫忙，就清潔溜溜了。

陶瓷花器通常具有不透明的特質，除非是媲美北宋「雨過天青雲破處，這般顏色做將來」的薄胎青瓷，那就另當別論了，不過應該很少人會把這種價值連城的古董拿來插花吧！所以讀者當笑話看看就行了，不必太認真。言歸正傳，由於生鮮的花材，是屬於有機物質，擺在水中一段時間之後，多少都會有腐敗的黏滑物質產生，黏貼在盆器或花瓶的內部，瓶口大的話，還可以用手拿工具伸入清理，萬一瓶口太小，就會出現清潔上的死角。這時候一根細長有握柄的軟毛刷子，就變成購置陶瓷器皿的基本的配備了，可以有效保持花器的潔淨。

在清洗陶瓷花器時，還有一點需要請讀者特別留意，那就是陶瓷盆器在遇水沾濕後，會特別的滑手，不容易「把」和「握」，萬一盆器的本身又有點重量的話，在清洗時很容易出現意外。再加上陶瓷碎片的斷面，非常地尖銳，請讀者在用水清理這類的花器時，千萬必須特別、特別地小心仔細哦！

假使讀者所選購的陶瓷花器，沒有高尚的出身，只有平凡的身價，不要氣餒、也不用失落，山不轉路轉，自己動動腦想想辦法，一定可以順利解決的。每個人平常總會買點書籍或電器之類的東西，電器紙箱或出版社用來包書籍用的泡綿、海綿和薄襯的隔板，有計畫的集合起來，再準備一捲封箱膠帶，用來包東西、包花器，非常省事方便又安全，連這些材料都沒有的話，拿幾張報紙，厚厚地包裹黏貼，就是最陽春的保存方法了。

玻璃花器

　　玻璃花器跟陶瓷花器一樣，具有易碎和遇水濕滑的問題，因此所有的保存方法和注意事項，都可以比照陶瓷花器辦理。不過，玻璃材質的盆器，比陶瓷花器多出一個材質透明的特性，這個通透的特性，是玻璃花器在創意以及擺設上，最大的特色與優點，卻也是清潔保養上最大的困擾。水晶、琉璃等各名牌精品，幾乎都會提供送回門市，免費清潔保養的售後服務，讀者就不用太過費心了，不過擁有這種身價的花器，畢竟還是少數，一般的花器，雖然無法經由專人打理，而常保潔淨如新，可透過正確的步驟，效果應該仍是值得期望的。

　　當玻璃花器使用過後，首先必須將盆器內部的花材處理掉，再用軟毛刷將黏液和水苔之類的雜質去除，這個步驟非常重要，假使沒有徹底將污漬的器壁處理乾淨的話，整個花器即使乾燥以後，也會變得髒髒的，一次不徹底清潔，會增加下次清潔的困難度，時間一久，花器就會越來越髒，不但會讓人覺得不舒服，甚至還會發霉生臭，千萬不能偷懶才行。用水清潔後，最好將玻璃花器放在通風處，等陰乾後，再比照陶瓷花器的處理方式收藏，應該就可以維持不錯的狀況了。

陶器和玻璃的保養收藏方法

A.先將盆器內部的花材處理掉，再用軟毛刷將黏液和水苔之類的雜質去除。

B.找出附有原廠量身訂製的包裝箱或包裝盒，或者適合的紙箱、紙盒和襯墊

C.用一捲封箱膠帶，將幾張報紙或襯墊，厚厚地包裹黏貼在花器上。

D.然後再將包好的花器裝入盒中，空隙再塞入報紙或襯墊防震，就是最陽春的保存方法。

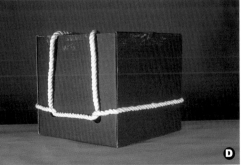

金屬花器

　　這類的花器在清潔保養上，需要比前兩類更費心才行，因爲金屬類的花器，由於材料金屬成分的不同，會讓難度提高很多。單一金屬製成的花器，由於涉及氧化的問題，一般來說並不常見，即使眞的遇上了，也不用擔心，在商品的包裝盒上，應該都會有處理步驟的簡介或圖示，讀者照表操課應該就可以了，麻煩的是那種成分不名的合成金屬。

　　不同金屬對空氣氧化作用的反應就不同，爲確保金屬花器的最佳狀況，最重要的一點，就是盡可能不要用來栽種植物，因爲植物需要一定的水份才能存活，不停吸收水份的結果，會讓金屬成分氧化得很快，嚴重影響盆器的壽命，不可不愼。使用金屬花器之後，能用濕布和乾布清潔的話，就盡可能不要用水，如果在使用過後，仍然避免不了用水清洗，也一定要在清洗後，盡快用布擦拭並晾乾，減少氧化的機會，純粹當作擺設之用時，也請盡可能避開濕氣較重的浴室和廚房等位置，才能延長花器的使用年限。

由於金屬花器的表面，可能會經過電鍍或亮面的處理，這樣的處理方式，既能表現出特定的色澤和質感，也可以有效隔絕空氣和水份的侵蝕，延長器物的使用期限。碰撞後的金屬花器，不僅看起來有瑕疵，而且影響美觀，更可能

因為表面隔離材質的剝離，而提早氧化。萬一，真的不小心出現這樣的情況，必須盡快用亮光漆或防水漆加以補救，以免一段時間之後，整個花器面目全非，屆時就得不償失了，所以如何避免碰撞，同樣是金屬花器清潔保養上的重點。礙於篇幅，無法再詳實舉例，在此僅提出最簡易的「防水、防濕、防碰撞」的口訣，供讀者參考。

金屬類的保養收藏方法

A.用濕布和乾布清潔，盡量少碰水
B.碰撞後用亮光漆或防水漆加以補救

天然材質花器

　　竹、木、藤類等天然材料，除了簡單的防水、上色等加工之外，盆器的本身是屬於有機的材質，跟前面所提到過各類花器的無機成分完全不同，有機的意思，就是這一類的花器會腐朽，無法透過維護和保養的技巧永遠保存，因為時間就是天然素材最大的敵人，即使用盡心力維護，仍然有腐蝕、枯朽的一天，所以，定期更換新品的心理準備，是絕對必要的，而如何防腐、防潮、防霉，就成為這類花器保養的重點了。

　　首先，是這類的花器，在使用前可以考慮先上一層防水漆，盡可能阻絕水氣的入侵。另外，最好不要放在溼氣重的地方，以免增加水氣附著的機會。然後每隔一段時間，最好能放置在陽光下曝曬一次，這樣能讓花器內部的溼氣散發出去，減少蟲蛀蟻害〔白蟻〕的機會，比較需要注意的，是曝曬的時間不宜太長，以免因為過度曝曬而出現裂縫。

　　舉凡天然的櫸木地板或扶手，越是人氣暢旺之處，越能顯出木質部的光華和色澤，天然素材製作的花器也一樣，使用頻率越高反而越不容易腐朽，即使是刻意保存在乾燥的儲藏室，要是長時間不曾使用，再次取出時，恐怕不是蟲蛀就是霉爛了，屆時就是想維修也不太可能了，這是天然材料的花器，跟其他材質的花器之間最大的不同，請讀者千萬特別留意才好。

天然材質花器的保養收藏方法

A.使用前可以考慮先上一層防水漆，可防止水加速木材腐化，亦可防蟲蛀

B.可放置在陽光下曝曬延長使用壽命

塑膠花器

　　塑膠本身是化學合成的物質，用塑膠所製造出來的產品，具有質輕不怕水的特性，可以直接用水清洗或擦拭，在保養方面並沒有太大的困難，加上價格合理，選購方便，是一般考慮到經濟因素的初學者，極佳的入門款。值得一提的是，雖然塑膠材質的盆器，在清潔保養時非常省時省力，卻有一個很容易被忽略的重點，那就是塑膠材質的花器不耐高溫，不論是擺放在庭院、客廳或桌面，都必須遠離高溫的環境，以免發生危險，特別是在室外進行像烤肉、放煙火等活動的時候，應該特別注意與火燭保持距離，以策安全。擺放在室內的話，這幾年香氛療法非常流行，一旦在室內點燃線香、酒精燈或精油燈的當口，務必遠離不耐高溫的塑膠花器，因為花器損害事小，人身安全事大，請讀者千萬不可輕忽。

　　除了隔離高溫以外，放置在室外的塑膠盆器，還有一個最需要避開的熱源「太陽」，長年曝曬在烈日下的塑膠盆器，不但容易褪色，更容易碎裂，過度的紫外線，會嚴重影響這類花器的使用壽命，即使塑膠花器不算是高價的商品，擺設在室外空間的時候，如果能多少留意日曬長短的問題，還是盡可能注意一下，畢竟褪色的盆器絕對有礙觀瞻，而且栽種花草的盆皿，三天兩頭換來換去，會挺麻煩的，植物也不容易長得好。

塑膠花器的保養收藏方法
A.直接用水清洗或擦拭
B.少在太陽光卜曝曬以免褪色及脆裂

【結　語】

　　看完以上各章的說明之後，相信讀者對於「花器」，應該已經具備相當的概念了。然而，生活的品味，取決於每個人在過往的時空當中，所累積的生命厚度，以及面對生活的態度。同樣的，對於美的觀點與營造空間氛圍的能力，則來自於每個人先天的敏感度和後天的陶冶。風格是多樣且多變的，而美感絕對不會只有單一的標準，創意更不一定可以獲得全面性的支持及肯定，可人生是自己的，美的知覺必須先能夠感動自己，才有希望感動別人，這一點應該是沒有疑義的。

　　結束本書以前，想再次提醒讀者：創意是無所不在，無所不能的！只要能在生活上，稍微用點心思，就可以把毫不起眼的材料，或準備回收的物品，化腐朽為神奇，不僅能為自己的生活，增添許多情趣，更可以藉由注意力的轉移，有效舒解現實環境中的壓力，何樂而不為？現在，請站起來，四處看一看，動動腦想一想，找出在日常生活裡用不上，卻能轉換功能的材料，組合拼湊，或花點小錢，相信任何人都可以變成一流的生活創意大師。

國家圖書館出版品預行編目資料

花器風格事典／曾銘祥、林雁羽 文字.曾銘
祥、鍾建光 攝影－－初版.－－臺中市：晨
星，2005〔民94〕
　　面；　　公分.－－（Guide；711）
　ISBN 957-455-937-8（平裝）
　1. 花器

310　　　　　　　　　　　　　　94017090

Guide Book 711

花器風格事典

文字	曾 銘 祥 、 林 雁 羽
攝影	曾 銘 祥 、 鍾 建 光
總編輯	林 美 蘭
文字編輯	吳 佩 俞 、 林 婉 如 、 徐 惠 雅 、 楊 嘉 殷
封面設計	李 靜 姿
內頁設計	彭 淳 芝

發行人	陳 銘 民
發行所	晨星出版有限公司
	台中市407工業區30路1號
	TEL:(04)23595820　FAX:(04)23597123
	E-mail:morning@morningstar.com.tw
	http://www.morningstar.com.tw
	行政院新聞局局版台業字第2500號
法律顧問	甘 龍 強 律師
印製	知文企業（股）公司　TEL:(04)23581803
初版	西元2005年11月31日

總經銷	知己圖書股份有限公司
	郵政劃撥：15060393
	〈台北公司〉台北市106羅斯福路二段95號4F之3
	TEL:(02)23672044　FAX:(02)23635741
	〈台中公司〉台中市407工業區30路1號
	TEL:(04)23595819　FAX:(04)23597123

更方便的購書方式：

(1) 網站：http://www.morningstar.com.tw
(2) 郵政劃撥　帳號：15060393
　　　　　戶名：知己圖書股份有限公司
　　請於通信欄中註明欲購買之書名及數量
(3) 電話訂購：如為大量團購可直接撥客服專線洽詢

◎ 如需詳細書目可上網查詢或來電索取。
◎ 客服專線：04-23595819#232　傳眞：04-23597123
◎ 客戶信箱：service@morningstar.com.tw

◆讀者回函卡◆

讀者資料：

姓名：_____ 性別：□ 男　□ 女

生日：　／　　／　　　身分證字號：_____

地址：□□□_____

聯絡電話：_____（公司）_____（家中）

E-mail _____

職業：□ 學生　　　□ 教師　　　□ 內勤職員　　□ 家庭主婦
　　　□ SOHO族　□ 企業主管　□ 服務業　　　□ 製造業
　　　□ 醫藥護理　□ 軍警　　　□ 資訊業　　　□ 銷售業務
　　　□ 其他_____

購買書名：花器風格事典_____

您從哪裡得知本書：□ 書店　　□ 報紙廣告　　□ 雜誌廣告　　□ 親友介紹

□ 海報　　□ 廣播　　□ 其他：_____

您對本書評價：（請填代號 1. 非常滿意　2. 滿意　3. 尚可　4. 再改進）

封面設計_____版面編排_____內容_____文／譯筆_____

您的閱讀嗜好：

□ 哲學　　　□ 心理學　　□ 宗教　　　□ 自然生態　□ 流行趨勢　□ 醫療保健
□ 財經企管　□ 史地　　　□ 傳記　　　□ 文學　　　□ 散文　　　□ 原住民
□ 小說　　　□ 親子叢書　□ 休閒旅遊　□ 其他_____

信用卡訂購單（要購書的讀者請填以下資料）

書　　　　名	數　量	金　額	書　　　　名	數　量	金　額

□VISA　　□JCB　　□萬事達卡　　□運通卡　　□聯合信用卡

・卡號：_____　・信用卡有效期限：_____年_____月

・信用卡背面簽名欄末三碼數字：_____

・訂購總金額：_____元　・身分證字號：_____

・持卡人簽名：_____（與信用卡簽名同）

・訂購日期：_____年_____月_____日

填妥本單請直接郵寄回本社或傳真(04)23597123